"十四五"高等教育机械类专业新形态系列教材

计算机成图技术应用教程

张凤莲 朱 静 张 旭◎主编

中国铁道出版社有限公司
CHINA RAILWAY PUBLISHING HOUSE CO., LTD.

内 容 简 介

本书针对高等学校机械类专业教学需要编写，主要讲述常用的计算机辅助工程设计软件 SolidWorks、AutoCAD 在工程图表达中的应用。全书分为八章，包括工程图样的计算机表达、形体形状的由来与结构特征表达、立体的计算机三维建模、典型结构特征建模实例、典型零件特征建模实例、二维计算机工程图的绘制、计算机三维到二维工程图的转化、装配体建模与工程图。本书将软件基本操作与产品设计相结合，通过实例介绍常用工程软件的功能及属性设置，力求让学生在较短的时间内，快速掌握常用工程软件的设计方法和技巧，以培养学生运用所学知识解决实际问题的能力，为后续课程设计、毕业设计，以及学生综合素质和创新能力的培养奠定基础。

本书适合作为普通高等学校机械类和近机械类专业的教材，也可作为"高教杯"全国大学生先进成图技术与产品信息建模创新大赛的培训教材，还可作为专业技术学校培训班的参考书。

图书在版编目（CIP）数据

计算机成图技术应用教程/张凤莲，朱静，张旭主编．—北京：
中国铁道出版社有限公司，2024.8
"十四五"高等教育机械类专业新形态系列教材
ISBN 978-7-113-31256-5

Ⅰ.①计… Ⅱ.①张… ②朱… ③张… Ⅲ.①工程制图-
AutoCAD 软件-高等学校-教材　Ⅳ.①TB237

中国国家版本馆 CIP 数据核字（2024）第 099885 号

书　　名：	计算机成图技术应用教程
作　　者：	张凤莲　朱　静　张　旭

策　　划：	霍龙浩	编辑部电话：	（010）63551926
责任编辑：	曾露平　彭立辉		
封面设计：	刘　颖		
责任校对：	安海燕		
责任印制：	樊启鹏		

出版发行：中国铁道出版社有限公司（100054，北京市西城区右安门西街 8 号）
网　　址：https://www.tdpress.com/51eds/
印　　刷：北京联兴盛业印刷股份有限公司
版　　次：2024 年 8 月第 1 版　2024 年 8 月第 1 次印刷
开　　本：787 mm×1 092 mm　1/16　印张：11.5　字数：323 千
书　　号：ISBN 978-7-113-31256-5
定　　价：39.80 元

版权所有　侵权必究

凡购买铁道版图书，如有印制质量问题，请与本社教材图书营销部联系调换。电话：（010）63550836
打击盗版举报电话：（010）63549461

前　言

随着计算机应用技术的发展和普及，采用计算机绘制图形和处理图像技术已成为现代工程设计与绘图的主要手段，学习和掌握计算机成图技术和机件信息建模技术已成为学习工程制图的重要目标。为适应"新工科"教学要求，高等教育应该培养具有识别、表达、分析和解决复杂工程问题能力的创新人才，促进"机械制图和计算机绘图"课程的教学方式从"教得好"向"学得好"转变。这种变化，不仅仅是课程内容的变化，更是培养目标的变化，需要将现代三维设计理念引入制图课程，构建以三维建模技术为主线的学习体系，解决传统教学中凭空想象的难题，让学习过程更加符合科学的认知规律，更好地满足现代制造业对新技术的需求，提高学生绘图技能和使用现代工具（计算机绘图）的能力。

本书针对高等学校机械类专业教学需要编写，主要讲述常用的计算机辅助工程设计软件在工程图表达中的应用。讲述三维工程图时，选用了在建模和工程图输出方面都很方便的SolidWorks平台，结合产品三维设计的特点，按照软件功能和学习规律，介绍三维设计及工程图创建的方法与步骤。从简明实用的角度出发，讲解了SolidWorks的常用功能，书中的很多实例来源于工程实际，具有一定的代表性和技巧性。讲述二维工程图时，选用常用工程软件AutoCAD，考虑到教师的授课方式及学生的学习习惯，按照学习AutoCAD的认知规律编写，先从用户界面的组成和基本操作入手，使学生对AutoCAD操作有基本的了解。然后，循序渐进地介绍常用绘图命令、绘图辅助工具、绘图环境设置、图形编辑、其他常用绘图命令、尺寸标注、块的操作等相对复杂的内容。最后通过实例，讲解平面图形的绘制、组合体三视图的绘制、零件图和装配图的绘制，采取层层递进的方式讲解AutoCAD命令的应用。

本书共8章，主要内容包括：工程图样的计算机表达、形体形状的由来与结构特征表达、立体的计算机三维建模、典型结构特征建模实例、典型零件特征建模实例、二维计算机工程图的绘制、计算机三维到二维工程图的转化、装配体建模与工程图。本书的特点是将软件基本操作与产品设计相结合，通过实例介绍常用工具的功能及属性设置。多个章节设有操作实例，每个操作步骤都配有简单的文字说明和清晰的图例，力求让读者在较短的时间内，快速掌握常用工程软件的设计方法和技巧，达到事半功倍的效果。本书可培养学生运用所学知识解决实际问题的能力，为后续课程设计、毕业设计，以及学生综合素质和创新能力的培养奠定基础。

本书以二维码的形式链接知识点讲解、例题讲解、计算机绘图操作演示等视频资源，打造新形态一体化教材，便于学生随扫随学。本书适合作为普通高等学校机械类和近机械类专业教材，也可作为"高教杯"全国大学生先进成图技术与产品信息建模创新大赛的培训教材，还可作为专业技术学校培训班的参考书。

本书由张凤莲、朱静、张旭主编，其中张凤莲编写了第1章、第5~6章、第8章，朱静编写了第2~4章，张旭编写了第7章。

本书的编写得到大连交通大学教务处、机械工程学院、远交大交通学院领导、工程图学教研中心同事的大力支持，并参考了相关的教材和参考书，在此对相关领导、同事及有关作者表示由衷的感谢！

由于编者水平有限，书中难免存在疏漏与不妥之处，敬请广大读者批评指正。

编　者

2024年2月

目 录

第1章 工程图样的计算机表达 ………………………………………… 1
1.1 概述 …………………………………………………………………… 1
1.2 二维工程图的表达 …………………………………………………… 2
1.3 三维模型生成二维工程图形 ………………………………………… 9

第2章 形体形状的由来与结构特征表达 ……………………………… 13
2.1 工程上形体形状的由来 ……………………………………………… 13
2.2 特征建模方式 ………………………………………………………… 16
2.3 基本立体 ……………………………………………………………… 20
2.4 组合体 ………………………………………………………………… 24
2.5 组合体构形设计 ……………………………………………………… 33

第3章 立体的计算机三维建模 ………………………………………… 37
3.1 草图绘制 ……………………………………………………………… 37
3.2 基本体建模 …………………………………………………………… 44
3.3 组合体建模 …………………………………………………………… 50
3.4 常见零件结构建模 …………………………………………………… 57

第4章 典型结构特征建模实例 ………………………………………… 63
4.1 切割结构形体建模 …………………………………………………… 63
4.2 旋转结构形体建模 …………………………………………………… 68
4.3 综合结构形体建模 …………………………………………………… 70

第5章 典型零件特征建模实例 ………………………………………… 79
5.1 零件分类 ……………………………………………………………… 79
5.2 轴套类零件建模 ……………………………………………………… 81
5.3 盘盖类零件建模 ……………………………………………………… 84
5.4 叉架类零件建模 ……………………………………………………… 84
5.5 箱体类零件建模 ……………………………………………………… 92

第6章 二维计算机工程图的绘制 ……………………………………… 100
6.1 AutoCAD 2020 简介 ………………………………………………… 100
6.2 图形绘制 ……………………………………………………………… 105
6.3 绘图实例 ……………………………………………………………… 115

6.4 零件图的绘制 …………………………………………………………………… 121
6.5 装配图的绘制 …………………………………………………………………… 126

第7章 计算机三维到二维工程图的转化 ……………………………………………… 133
7.1 用计算机生成投影图 …………………………………………………………… 133
7.2 用计算机生成各种表达图 ……………………………………………………… 137
7.3 典型零件工程图的生成实例 …………………………………………………… 143

第8章 装配体建模与工程图 …………………………………………………………… 149
8.1 装配体建模 ……………………………………………………………………… 149
8.2 爆炸视图的生成 ………………………………………………………………… 156
8.3 装配建模实例 …………………………………………………………………… 159
8.4 生成爆炸工程图 ………………………………………………………………… 172

参考文献 …………………………………………………………………………………… 177

第1章 工程图样的计算机表达

工程实际中,机件的形状是千变万化的,有些机件的外形和内部都比较复杂,仅用三个投影图不可能完整、清晰地表达机件各部分的结构形状。《机械制图》与《技术制图》国家标准规定了绘制图样的各种基本表达方法:视图、剖视图、断面图、局部放大图和简化画法等。本章主要介绍其中一些常用的表达方法。

1.1 概述

在现代工业生产中,设计者通过图样表达设计对象,制造者通过图样进行加工。图样被誉为"工程界的技术语言",是工程信息的有效载体,是工程数据的一种表达形式。随着高新技术的发展,计算机图形学、计算机辅助设计(CAD)、计算机集成制造(CIM)、拟实制造(VM)、科学计算可视化(SV)、多媒体和计算机网络等技术,已经充分展示了用图形和图像处理数据的强大功能。可以预见,未来工程设计思想和结果的表现形式将以图形或图像为主,正所谓"一图胜千言"。同时,这些技术均不同程度地改变了工程制图技术。尤其是计算机辅助设计/制造(CAD/CAM)技术使工程制图技术发生了巨大的变化,其研究内容已远远超出了传统工程制图所研究的范围。在传统技术中引入了很多现代技术,制图技术中也包括了计算机制图技术。工程制图技术已成为CAD/CAM的基本和关键技术之一。新的工程制图技术研究的主题就是如何利用计算机技术迅速、有效地绘制工程图。在国家教育信息化发展过程中,利用计算机进行制图是适应教育信息化、教育现代化的必然需要。在课堂中引入计算机教学系统,能够使学生对设计中的几何与空间关系有更深一步的了解,应用计算机技术使得学生在图样表达以及设计方面更为直观立体,更有利于学生掌握图样表达的实质内容。

工程图样的计算机表达目前常用的有两类方法:二维工程图绘制;先进行三维实体造型,再投影生成二维图样。

1. 二维工程图绘制

二维绘图是基础,主要培养计算机绘图的能力。传统的设计思想是把三维空间物体用二维投影来表达,即三维问题二维化,再通过二维投影想象出其空间形状。这一直是工程制图课教学中的一大难题,二维绘图能力的培养与这种设计思想是一致的。

2. 先进行三维实体造型,再投影生成二维图样

该方法较第一种方法更符合人们的思维习惯。将现代三维设计理念引入制图课程,构建以三维建模技术为主线的学习体系。解决了传统教学中的凭空想象难题,让学习过程更加符合科学的认知规律,更好地满足现代制造业对新技术的需求。三维建模从根本上解决了制图课抽象枯燥的局面,有助于培养学生空间想象能力、空间构型能力,以及用计算机表达空间形体的能力,从而适应现代制造业对设计与表达的要求,这在图学界已经成为共识。

1.2 二维工程图的表达

计算机辅助绘图软件只是制图工具的革新,其底层的实现原理和算法基础仍然包含工程图学的基础理论和规范标准。工程图样的表达有多种,常见的二维工程图样表达有视图、剖视图。

1.2.1 视图

1. 三视图

在机械制图中,正面投影称为主视图,水平投影称为俯视图,侧面投影称为左视图。三视图的形成过程如图1-1(a)所示,保持 V 面不动, H 面绕 X 轴向下翻转 $90°$,与 V 面重合; W 面绕 Z 轴向右翻转 $90°$,与 V 面重合,即得到一组视图。

视图用来表达物体的形状,与物体和投影面之间的距离无关,因此不必画出投影轴,如图1-1(b)所示。

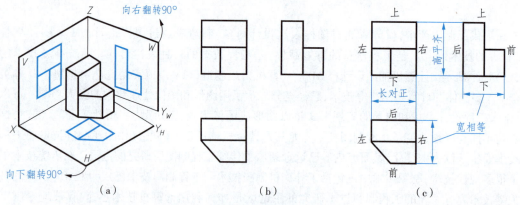

图1-1 视图的形成过程及投影规律

由三视图的形成过程可知:同一张图样上同时反映上下、左右、前后六个方向。如图1-1(c)所示,沿 X 轴的左右方向为物体的长度方向,沿 Y 轴的前后方向为物体的宽度方向,沿 Z 轴的上下方向为物体的高度方向。各视图间的关系即投影规律:主视图和俯视图都反映物体的长度,即长对正;主视图和左视图都反映物体的高度,即高平齐;俯视图和左视图都反映物体的宽度,即宽相等。

2. 基本视图

正投影法中,设置了六个基本投影面。将机件分别向六个基本投影面投射所得到的视图称为基本视图。这六个基本视图是由前向后、由上向下、由左向右投射所得的主视图、俯视图和左视图,以及由右向左、由下向上、由后向前投射所得的右视图、仰视图和后视图。六个基本投影面展开在同一平面内的方法如图1-2所示,展开后各视图的配置关系如图1-3所示。

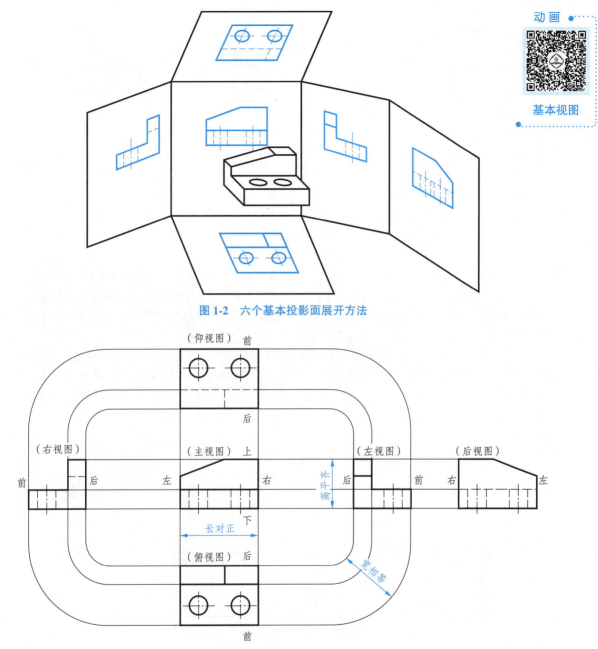

图 1-2　六个基本投影面展开方法

图 1-3　六个基本视图的配置

展开后的基本视图仍满足"长对正、宽相等、高平齐"的投影规律，即主视图、俯视图和仰视图长对正，左视图、右视图与俯视图、仰视图的宽相等，主视图、左视图、右视图和后视图高平齐。六个基本视图的配置反映了机件的上下、左右和前后的位置关系。左、右视图和俯、仰视图靠近主视图的一侧，反映机件的后面，而远离主视图的一侧，反映机件的前面。

3．向视图

向视图是可自由配置的视图，是基本视图的另一种表达方式，是移位配置的基本视图。

为便于识图和查找向视图，应在向视图的上方标注"×"（"×"为大写的拉丁字母），在相应的视图附近用箭头指明投射方向，并标注相同的字母，如图 1-4 所示。

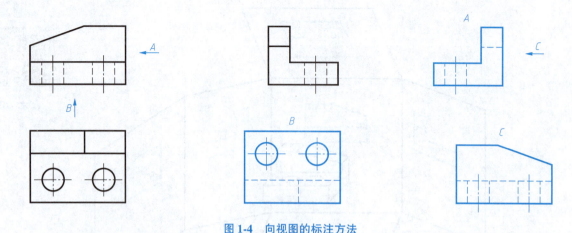

图1-4 向视图的标注方法

4. 局部视图

将机件的某一部分向基本投影面投射,所得的视图称为局部视图。局部视图通常用来局部地表达机件的形状。如图1-5所示机件,采用了一个主视图为基本视图,并配合A向等局部视图表达,比采用主、俯视图和左、右视图的表达简洁,且符合制图标准提出的对视图选择的要求,即在完整、清晰地表达机件各部分形状的前提下,力求制图简便。

局部视图是从完整的视图中分离出来的,必须与相邻的部分假想地断裂,其断裂边界用波浪线绘制。当局部视图外轮廓封闭时,则不必画出断裂线。局部视图按基本视图的配置形式配置,视图之间没被其他视图隔开时,不必标注,如图1-5中左视图所示。否则,应按向视图的规定进行标注,如图1-5中A、C视图所示。

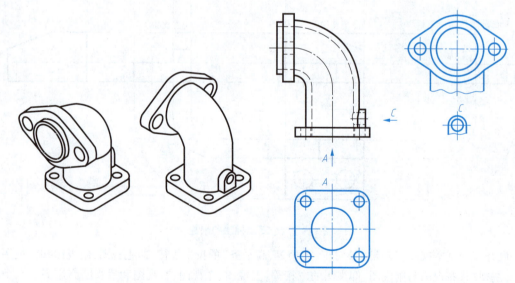

图1-5 局部视图

5. 斜视图

为了表示机件倾斜表面的真实形状,用变换投影面的原理建立与倾斜结构平行的辅助投影面,以获得反映倾斜结构实形的辅助投影,如图1-6(a)所示。机件向不平行于任何基本投影面的辅助投影面投射所得的视图称为斜视图。

斜视图通常按向视图的配置形式配置与标注,如图1-6(b)中的Ⅰ所示。必要时允许将斜视图旋转配置,这时表示该视图名称的大写拉丁字母应靠近旋转符号的箭头端,也允许将旋转角度标注在字母之后如图 1-6(b)中的Ⅱ所示。斜视图一般只要求表达出倾斜表面的形状,因此,可将其与机件上其他部分的投影用波浪线断开。当机件上的倾斜表面具有完整轮廓时,直接表达出其倾斜部分的完整轮廓投影,不必加断裂波浪线。

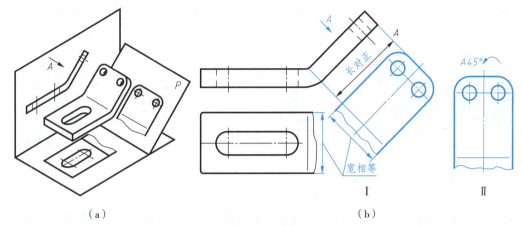

图 1-6 斜视图

1.2.2 剖视图

当机件内部形状比较复杂时,视图上就出现较多虚线,不利于读图和标注尺寸。为了清晰地表达机件的内部结构,GB/T 4458.6—2002《机械制图 图样画法 剖视图和断面图》中规定采用剖视的画法表达机件的内部结构形状。

1. 剖视图的生成

如图 1-7(a)所示,假想用剖切平面剖开机件,将处在观察者和剖切平面之间的部分移去,而将其余部分向投影面投射所得的图形称为剖视图。采用剖视后,机件内部不可见轮廓成为可见,用粗实线画出,这样图形清晰,便于看图和画图,如图 1-7(b)所示。

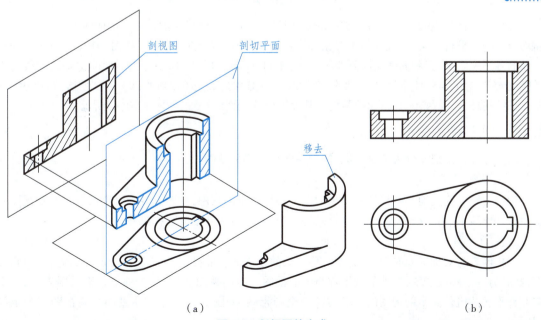

图 1-7 剖视图的生成

2. 剖视图画法

为了清晰地表示机件内部真实形状,一般剖切平面应平行于相应的投影面,并通过机件内部结构的对称平面或回转体轴线。由于剖视图是假想的,当一个视图取剖视后,其他视图不受影响,仍按完整的机件画出。

用粗实线画出机件被剖切平面剖切后的断面轮廓和剖切平面后的可见轮廓。注意不应漏画剖切平面后方可见部分的投影,如图1-8所示。

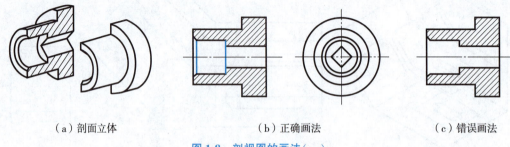

（a）剖面立体　　　　　　（b）正确画法　　　　　　（c）错误画法

图1-8　剖视图的画法(一)

剖视图应省略不必要的虚线,只有对尚未表示清楚的机件结构形状才画出虚线,如图1-9所示。

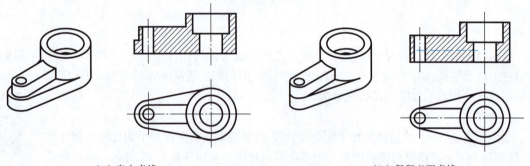

（a）省去虚线　　　　　　　　　　　　（b）保留必要虚线

图1-9　剖视图的画法(二)

表示金属材料或无须表示材料类别的剖面符号用通用剖面线表示。通用剖面线是适当角度、间隔均匀的一组平行细实线,最好与主要轮廓线或剖面区域的对称线成45°,如图1-10(a)所示。同一机件的各剖视图中,其剖面线应间隔相等,方向相同,如图1-10(b)所示。当图形的主要轮廓线与水平线成45°或接近45°时,剖面线的倾斜角度以表达对象的轮廓(或对称线)为参照物,画成30°或60°的平行线,但其倾斜的方向和间距仍与其他图形的剖面线一致,如图1-10(c)所示。

1.2.3　剖视图的分类

国家标准将剖视图分为全剖视图、半剖视图和局部剖视图三类。

1. 全剖视图

用剖切平面完全地剖开机件所得到的剖视图称为全剖视图,如图1-7~图1-9所示。全剖视图主要用于外形简单、内部结构复杂的不对称机件或不需要表达外形的对称机件。

2. 半剖视图

当机件具有对称平面时,在垂直于对称平面的投影面上的投影,可以对称中心线为界,一半画成剖视图,另一半画成视图,这种剖视图称为半剖视图。半剖视图适用于内、外形状都需要表达,且具有对称平面的机件。半剖视图的剖切方法与全剖相同,如图1-11所示。主视图与俯视图都为半剖视图。

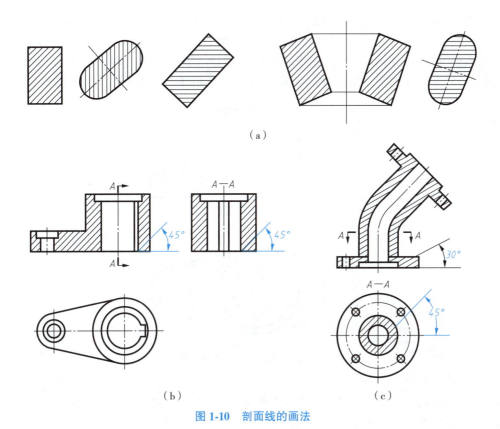

图 1-10 剖面线的画法

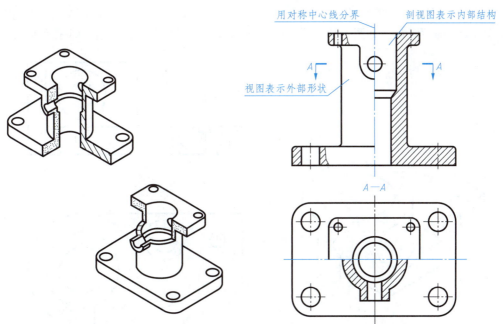

图 1-11 半剖视图

半剖视图的标注方法与全剖视图相同，图 1-11 中配置在主视图位置的半剖视图，符合省略标注的条件，所以未加标注，而俯视图位置的半剖视图，剖切平面不通过机件的对称平面，所以应加标注，但可省略箭头。

若机件的形状接近于对称,且不对称部分已有其他视图表示清楚时,也可画成半剖视图,如图1-12所示。半剖视图中视图和剖视图的分界线规定画成点画线,而不能画成粗实线,且由于机件的内部形状已由剖视图部分表达清楚,所以,视图部分表示内部形状的虚线不必画出。当标注被剖切的内孔尺寸时,只需画出一端的尺寸界线和尺寸线,并使尺寸线超过中心线即可,如图1-12所示。

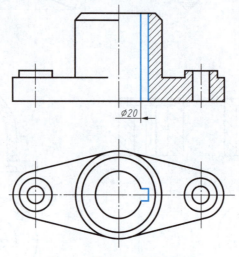

图1-12 接近对称的半剖视图

3. 局部剖视图

用剖切平面局部地剖开机件所得的剖视图称为局部剖视图。局部剖视图主要用于表达机件局部的内部结构,或不宜选用全剖、半剖视图的地方,是一种灵活的表达方法。

当不对称机件的内、外形状均需要表达,而它们的投影基本上不重叠时,采用局部剖视可把机件的内、外形状都表达清晰。如图1-13所示,用局部剖视图表达机件底板、凸缘上的小孔等结构。

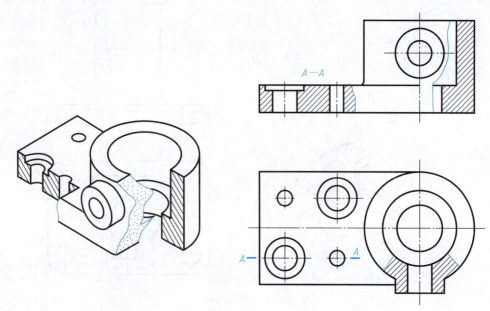

图1-13 局部剖视图

局部剖视图中,视图部分与剖视图部分的分界线为波浪线。波浪线不能与图形中的其他图线重合,也不能画在非实体部分和轮廓线的延长线上,如图1-14所示。

局部剖视图一般不标注,仅当剖切位置不明显或在基本视图外单独画出局部视图时才需要加标注。

局部剖视图应用较广,但在同一视图中,过多采用局部剖视图会使图形显得凌乱。

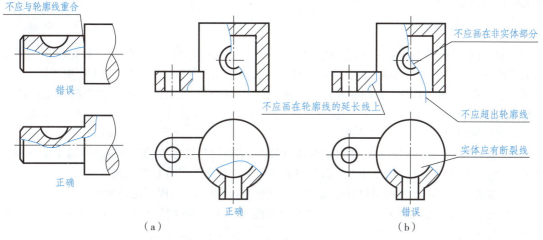

图 1-14　局部剖视图中波浪线的画法(一)

1.3　三维模型生成二维工程图形

计算机绘图技术的普及和发展、设计制图工作的根本性转变,使得图样信息的产生、加工、存储和传递进入了新的阶段。随着科学技术的高速发展和国际交流的日益频繁,作为国际性技术语言的工程图样显得越来越重要。但是,一般在最初情况下,几乎所有的设计都以图纸的形式来表达。因为不仅设计者无法完全记住设计中的每个细节,而且即使用文字也不能完整表达,因此用图纸来呈现将是一个可靠的表达方法。这些图纸首先表达了设计者的设计构思,其次是可以方便地相互交流、相互讨论,最后成为给制造者将设计意图变成实物的依据。所以,在设计的全过程中,大多数原始构思都是三维实体。

绘图软件中绘制的三维实体,虽然漂亮、直观、容易理解和接受,但是在复杂三维形体上标注尺寸有时候会产生歧义。而在二维工程图上标注尺寸和注解比较方便,它可以反映三维实体的各个部位的详细信息。有多种绘图软件可以完成由三维模型生成二维工程图,本书以常用的 SolidWorks 2020 为例来讲解这一功能。

工程图设计是 SolidWorks 软件三大功能之一,用来表达三维模型的二维图样。进行工程图设计时,可以利用 SolidWorks 设计的零件和装配体直接生成所需视图,也可以基于已有的视图建立新的视图。工程图是设计者设计思想的表达载体,是加工零部件的依据,是进行技术交流的重要文件资料。

1.3.1　SolidWorks 工程图概述

工程图是基于三维零件和装配体模型创建二维三视图、投影图、剖视图、辅助视图、局部放大图等视图。二维视图创建后便可对其进行尺寸标注、并做出表面粗糙度等级、公差配合及形位公差等技术要求。

SolidWorks 软件会自动为新建的工程图添加一个名称,该名称为插入的第一个模型的名称,会自动出现在标题栏中。在保存时,工程图文件的扩展名为".slddrw"。此外,SolidWorks 系统提供多种类型的图形文件输出格式,包括最常用的 DWG 和 DXF 格式,以及其他几种常用的标准格式。工程图包含一个或多个由零件或装配体生成的视图。在生成工程图之前,必须先保存与它有关的零件或装配体的三维模型。

1.3.2　工程图组成

一般来说,工程图由一组图形、完整的尺寸(零件图)或必要尺寸(装配图)、技术要求、标题栏和明细栏四部分组成。在 SolidWorks 工程图文件中包含两个独立部分:图纸格式和工程图视图。图纸格式包含工程图图幅的大小、标题栏设置、零件明细表及其定位等,在工程图文件中相对比较稳定,一般应先设置或创建。

工程图视图可通过以下方式获取:

(1)可由 SolidWorks 设计的零件和装配体直接生成,也可以在已有的工程视图中添加新的视图生成。例如,剖面视图可以在已有工程图视图上用剖切线切割视图的方法生成。

(2)工程图视图的尺寸既可以在生成工程视图时直接插入,也可以通过尺寸标注工具生成。

(3)尺寸标注包括尺寸公差、形位公差、表面粗糙度和文本等内容,它们在 SolidWorks 的工程图中属于注释内容。

在工程图文件中,可以建立模型参数的链接,如链接已经定义的零件名称,零件序号、零件的材料等。一旦将这些内容链接到格式文件中,在建立工程图时,模型中的相应模型参数会自动在工程图中更新,这样能大幅提高创建工程图的效率。当用户需要修改工程图中的结构时,只需要修改该工程图对应的三维零件模型或装配体模型,工程图就会自动进行更新。

1.3.3　SolidWorks 工程图环境中的工具栏

工程图的工作界面与零件和装配体的工作界面有很大区别,新增加了"工程图"工具栏,"线型"工具栏和"注解"工具栏。

(1)"工程图"工具栏如图 1-15 所示,简要说明如下。

图 1-15　"工程图"工具栏

● "模型视图":按钮 :单击该按钮会出现"模型视图"属性管理器。当创建新工程图或将一模型视图插入工程图文件中时,会自动出现"模型视图"属性管理器,通过该属性管理器可以在模型文件中为视图选择一个方向。

● "投影视图"按钮 :根据已有视图,利用正交投影生成新的视图。

● "辅助视图"按钮 :辅助视图类似于投影视图,它的投影方向垂直于所选视图的参考边线,但参考边线一般不能为水平或垂直,否则生成的就是投影视图。该按钮一般用于生成斜视图。

● "剖面视图"按钮 :剖面视图通过一条剖切线来分割父视图而生成,属于派生视图,可以显示模型内部的形状和尺寸。剖面视图可以是剖切面或者是用阶梯剖切线定义的等距剖面视图,并可以生成半剖视图。该按钮一般用于生成半剖或全剖视图。

● "移出断面"按钮 :生成"移出断面"是单击一条边线,然后再单击相对的边线,在选定位置显示模型的切片。

● "局部视图"按钮 :可以在工程图中生成一个局部视图来表达一个视图的某个部分(通常是以放大比例显示)。局部视图可以是正交视图、3D 视图、剖面视图、剪裁视图、爆炸装配体视图或另一个局部视图。

- "标准三视图"按钮：可以直接生成三个默认的正交视图,其中主视图方向为零件或装配体的前视方向,其他两个视图为俯视图和左视图,投影类型则按照图纸格式设置的第一角或第三角投影法。该按钮一般用于快速生成三视图。
- "断开的剖视图"按钮：断开的剖视图为已有工程视图的一部分,并不是单独的视图。闭合的轮廓通常是样条曲线,用来定义断开的剖视图。该按钮经常用于生成局部剖视图。
- "断裂视图"按钮：向选定视图添加折断线,以便在较小尺寸的工程图纸上显示较大比例的工程视图。
- "剪裁视图"按钮：剪裁现有视图,只显示视图的一部分。
- "替换模型"按钮：更改所选视图的参考模型,可以更改零件和零件、装配体和装配体,以及零件和装配体之间的文件参考。

(2)"线型"工具栏如图1-16所示,简要说明如下。

- "更改图层"按钮：更改选定项目的当前工程图层或图层。
- "图层属性"按钮：在工程图中创建、编辑或删除图层,并更改图层的属性和显示状态。

图1-16 "线型"工具栏

- "线色"按钮：单击此按钮,出现"设定下一直线颜色"对话框,可以从该对话框中的调色板中选择一种颜色。
- "线宽"按钮：在工程图中更改边线和草图实体的厚度。
- "线条样式"按钮：更改工程图中边线和草图实体的样式,如虚线或幻影线。
- "隐藏/显示边线"按钮：更改工程图中边线的可见性。
- "颜色显示模式"按钮：在其图层或直线颜色与 SolidWorks 状态颜色之间切换工程图中边线和草图实体的颜色。

(3)"注解"工具栏如图1-17所示,简要说明如下。

图1-17 "注解"工具栏

- "智能尺寸"按钮：为一个或多个所选二维或三维草图实体创建尺寸,可以在该工具处于活动状态时拖动或删除尺寸。
- "模型项目"按钮：从参考的模型输入尺寸、注解、参考几何体到所选视图中。
- "拼写检查"按钮：检查注释的拼写、带文本的尺寸和工程图标题块。
- "格式刷"按钮：复制、粘贴格式。
- "注释"按钮：插入注释,将注释附加到工程图的特征上,并附加引线。
- "线性注释阵列"按钮：插入注释的线性阵列,如果引线已附加到阵列的注释,则也会阵列箭头。
- "零件序号"按钮：为装配图插入零件序号。
- "自动零件序号"按钮：为所选视图中的所有零件添加零件序号。
- "表面粗糙度"按钮：插入表面粗糙度符号。
- "焊接符号"按钮：插入焊接符号,使用属性对话框自定义符号。
- "形位公差"按钮：插入形位公差符号,使用属性管理器自定义符号。

- "基准特征"按钮：单击此按钮，可以将基准特征符号置于零件、尺寸和工程图上。
- "基准目标"按钮：插入基准目标(点或区域)和符号。
- "孔标注"按钮：应用"旁注法"对沉孔进行标注。
- "装饰螺纹线"按钮：插入装饰螺纹线以表示零件、装配体或工程图中的螺纹线。
- "多转折引线"按钮：插入带多分支线、转折点及引线的多转折引线。
- "区域剖面线/填充"按钮：添加剖面线阵列或实体填充到一模型面或闭合的草图轮廓中。
- "块"按钮：单击其右侧的下拉按钮，可以选择"制作块"或"插入块"。
- "中心符号线"按钮：在单击此按钮，可以在圆形边线、槽口边线或草图实体上添加中心符号线。
- "中心线"按钮：要手工插入中心线，选择两条边线或草图线段，或选取单一圆柱面、圆锥面、圆环面或扫描面。
- "表格"按钮：表指令。

计算机创建三维模型，从三维转化成二维工程图的具体方法和实例将在第 7 章详细讲解。

第 2 章

形体形状的由来与结构特征表达

本章将介绍工程上形体形状的由来与构成、立体的形成、组合方式及其建模方式。通过形体特征的分析,进行三维建模的练习,对空间形体形成直接的感性认识,培养形象思维与抽象思维相结合的工程图学思维方式,训练三维形状与二维图形之间的转换,提高空间想象力,为二维投影的学习,构造、表达和识别形体形状奠定基础。

2.1 工程上形体形状的由来

本课程研究的工程对象是机器零部件。机器或部件无论大小、形状如何,都具有一定的功能,人们通过部件功能来认识和选择部件。为保证实现部件的功能,需要采用怎样的结构,即由哪些类零件构成,根据每种零件在部件中的作用设计零件的形状,并将其结构信息以工程图样形式表达出来。

2.1.1 部件的功能决定其零件构成

通过分析千斤顶、齿轮油泵部件功能的实现,认识其结构与形状。

1. 千斤顶

千斤顶的功能是顶起重物。图 2-1(a)所示千斤顶利用螺杆转动顶起重物,千斤顶的零件构成如图 2-1(b)所示。千斤顶由 7 个零件构成:螺杆和螺套实现螺纹传动;螺套通过紧定螺钉①固定在底座上,保持不动;顶垫与螺杆接触面为球面的一部分,当螺杆转动时,顶垫所受外力指向球心,以使顶垫保持不动;紧定螺钉②的旋入位置既要保证螺杆的转动灵活,又要保证顶垫在螺杆上不易脱落,又不能接触到螺杆。

2. 齿轮油泵

图 2-2(a)所示的齿轮油泵是利用一对齿轮啮合运动将流体吸入并排出的装置。图 2-2(b)可见,齿轮油泵由 15 种零件构成。为输送流体,齿轮必须旋转,动力通过齿轮轴传入。齿轮轴通过齿轮外啮合带动从动齿轮转动。泵体和一对大小相等的外齿啮合,形成了相互隔离的两个腔,即齿轮油泵的吸入腔和排出腔。

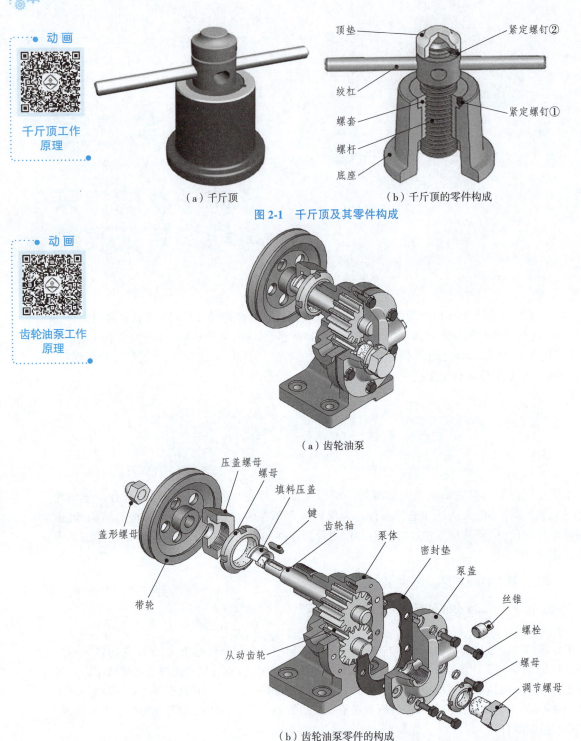

图 2-1 千斤顶及其零件构成

图 2-2 齿轮油泵及其零件构成

2.1.2 形体形状的构成

由千斤顶、齿轮油泵部件分析可以看出,无论部件的功能是什么,构成部件的零件数量是多还是少,每个零件在实现部件的功能中起到什么作用,各种零件形状是简单还是复杂,它们在以下两方面都是相同的。

1. 零件类型基本相同

依据零件的结构特征,可以把构成部件的零件分成 4 种类型:轴套类、轮盘(盖)类、箱体类、叉架类,如图 2-3 所示。

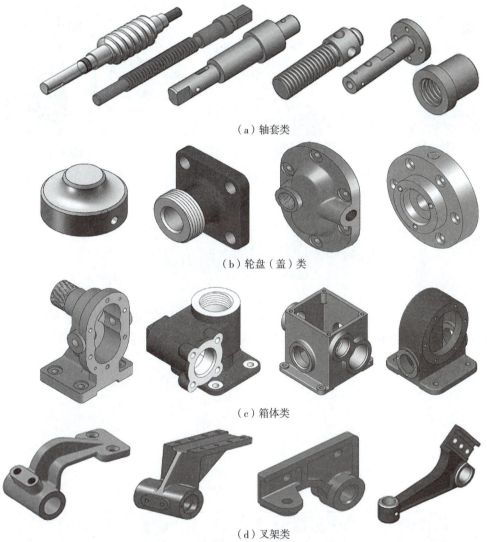

(a) 轴套类

(b) 轮盘(盖)类

(c) 箱体类

(d) 叉架类

图 2-3 零件按结构特征分类

2. 构成不同零件的特征基本相同

构成零件形状的基本特征,在三维设计软件将其称为 feature,即"特征"。一般情况下,拉伸体(拉伸特征)和回转体(旋转特征)按照一定的组合方式构成组合体。带有加工工艺结构或标准结构(圆角、倒角、起模斜度、螺纹特征、齿轮轮齿特征等)的组合体即是零件。图 2-4(a)所示为油泵的泵体外形结构,由拉伸材料特征形成;图 2-4(b)所示为泵体内腔,由拉伸切除材料特征形成;图 2-4(c)所示为千斤顶顶垫和底座零件结构,主要由旋转特征形成。

除拉伸特征、旋转特征之外,扫描特征和放样特征也是构成立体的常见特征。

2.1.3 形体形状的分类

形体形状分为基本立体和组合体。基本立体又分为平面立体(长方体、棱柱、棱锥、棱台)和曲面立体两类,常见的曲面立体为回转体(圆柱、圆锥、球、圆环)。基本立体的组合称为组合体,按组合的复杂程度又可分为简单立体和复杂立体。随着计算机技术在设计领域的应用,按照构形特征方法分类更加符合计算机辅助设计思想。在建模过程中,特征是指各个基本体及可一次成形的简单立体,组合体的建模即是各种特征建模的组合。

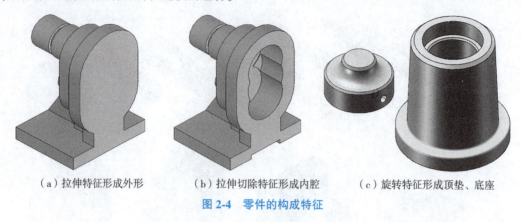

(a)拉伸特征形成外形　　(b)拉伸切除特征形成内腔　　(c)旋转特征形成顶垫、底座

图 2-4　零件的构成特征

2.2　特征建模方式

基于草图的特征建模方式分为填料方式和除料方式。可以采用拉伸(拉伸凸台/基体、拉伸切除)、旋转(旋转凸台/基体、旋转切除)、扫描(扫描凸台/基体、扫描切除)和放样(放样凸台/基体、放样切除)等方法形成。常用的特征工具栏及菜单如图 2-5 所示。

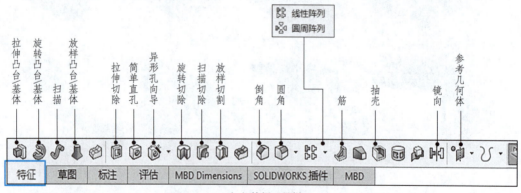

(a)特征工具栏

(b)拉伸凸台特征菜单　　　　　　　　(c)拉伸切除特征菜单

图 2-5　常用的特征工具栏及菜单

2.2.1 拉伸特征

拉伸特征是指将一特征面沿该平面的法线方向拉伸,以建立基本特征的方式。这种运算方式适合于创建柱类几何体(包括棱柱、圆柱和广义柱)。建立拉伸特征必须给定拉伸特征三要素(见图2-6):

(1)草图:定义拉伸特征的基本轮廓,描述拉伸特征的截面形状。一般来说,拉伸特征要求草图是封闭的,并且不能存在自相交叉的情况。

(2)拉伸方向:定义拉伸后形成的特征在垂直于草图平面的拉伸方向,有正反两个方向。

(3)终止条件:定义拉伸特征在拉伸方向上的长度,即拉伸到何处为止。

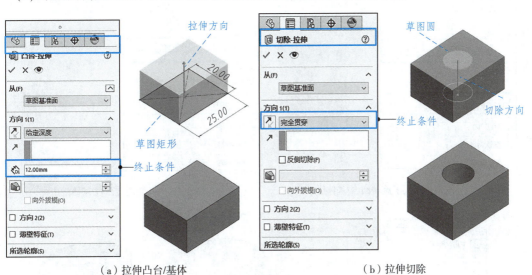

图 2-6 拉伸特征

2.2.2 旋转特征

旋转特征是指特征面沿轴线或形体一边线旋转而成的基本特征的方式。它适用于回转体类几何体模型的创建(包括圆柱、圆锥、球和圆环)。旋转特征包括旋转凸台/基体[见图2-7(a)、(b)]和

视频
旋转特征

旋转切除[见图 2-7(c)],并具备如下三个基本要素:

(1)草图:图 2-7(a)含有中心线,用它来指定旋转特征的旋转中心。当草图中包含两条或两条以上中心线时,必须指定一条作为旋转中心。草图必须位于中心线的一侧,不能和旋转中心线接触在一个孤立的点。图 2-7(b)也可以草图一侧的边界线为旋转轴,边线选择保证图形在边线的一侧。

(2)旋转方向:包括顺时针和逆时针两个方向。

(3)旋转角度:定义旋转所包括的角度。

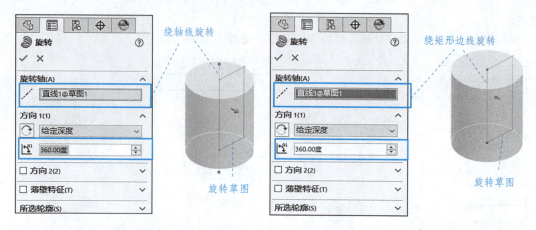

(a)旋转凸台/基体绕轴线　　　　　　(b)旋转凸台/基体绕边线

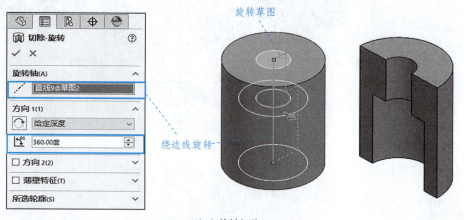

(c)旋转切除

图 2-7 旋转特征

2.2.3 扫描特征

视频
扫描特征

扫描特征是特征面沿着一条路径移动所形成的特征,适用于建立弯管类较复杂的几何体。扫描特征必须具备的基本要素(见图 2-8):

(1)轮廓:设置用来生成扫描的草图轮廓(截面)。基体或凸台扫描特征的轮廓应为闭环。

(2)路径:设置轮廓扫描的路径。路径草图可以是开环或闭合,扫描路径草图的起点必须位于轮廓草图平面上。

轮廓和路径必须是两个独立的草图。

第2章　形体形状的由来与结构特征表达　19

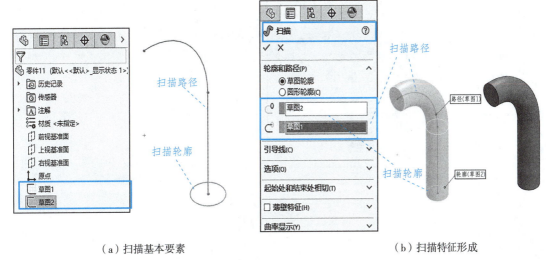

（a）扫描基本要素　　　　　　　　　　　　（b）扫描特征形成

图 2-8　扫描特征

2.2.4　放样特征

放样凸台/基体特征是两个以上的截面形状按一定顺序，在截面之间进行过渡而形成的。放样的基本要素是轮廓草图，决定用来生成放样的轮廓，常用于棱锥和棱台等截面有变化的立体的建模。

放样特征需要两个或两个以上封闭、独立的轮廓草图，选择要连接的草图轮廓、面或边线，放样根据轮廓选择的顺序而生成，如图 2-9 所示。放样特征中往往需要在绘制一个草图轮廓后，构建与第一个草图平面有相对距离的另一个基准面，在新的基准面上绘制另一个草图，如图 2-9（a）所示。

视频

放样特征

（a）放样基本要素　　　　　　　　　　　　（b）放样特征形成

图 2-9　放样特征

2.2.5　SolidWorks 的坐标系

SolidWorks 系统坐标系和基准面位置如图 2-10（a）、（b）所示。系统默认的基准面为前视（*XOY* 面）、上视（*ZOX* 面）和右视（*YOZ* 面），如图 2-10（c）所示。在各个基准面上建立草图并正向拉伸的结果如图 2-11 所示。

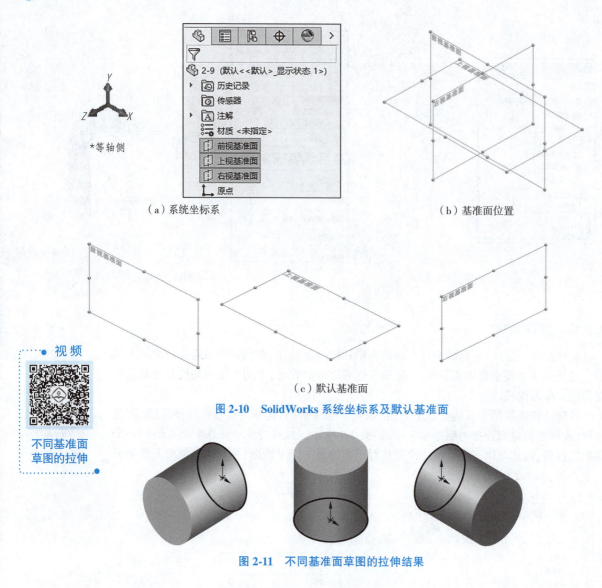

(a) 系统坐标系

(b) 基准面位置

(c) 默认基准面

图 2-10　SolidWorks 系统坐标系及默认基准面

图 2-11　不同基准面草图的拉伸结果

2.3　基本立体

基本立体分为平面立体与曲面立体两大类。

2.3.1　平面立体的形成与建模

由平面包围而成的实体称为平面立体，其表面都是平面。常见的平面立体有棱柱和棱锥，通常按其底面边数来命名，图 2-12(a)、(b) 所示分别为六棱柱、三棱锥。

例 2-1　不同方向正五棱柱的建模。

建模步骤：

(1) 在上视面绘制正五边形，如图 2-13(a) 所示。

(2) 拉伸给定长度 30 mm，形成直立的正五棱柱，如图 2-13(b) 所示。

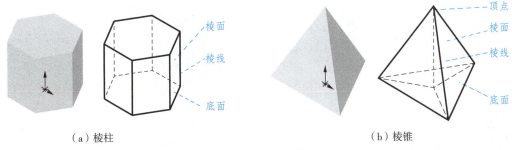

图 2-12 平面立体

(3)若想改变五棱柱方向,可在 FeatureManager 树中,选中草图,在右键的快捷菜单中选择"编辑草图平面"命令[图 2-13(c)],将草图基准面修改为"前视",则正五棱柱如图 2-13(d)所示。

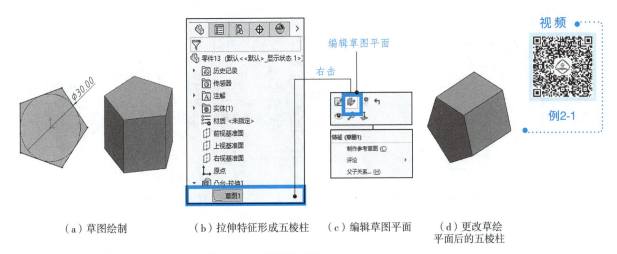

图 2-13 五棱柱的建模

例2-2 三棱锥的建模。

建模步骤:
(1)在上视基准面上绘制三棱锥底面草图并完全定义,如图 2-14(a)所示。
(2)建立基准面,基准面与上视基准面的距离为棱锥高度 40 mm,如图 2-14(b)所示。
(3)在基准面上绘制棱锥顶点草图 2,并使顶点与基准面上的原点重合[见图 2-14(c)],退出草图编辑状态。此时,FeatureManager 树中,存在完全独立的草图 1 和草图 2,如图 2-14(d)所示。
(4)建立放样特征。选择草图 1、草图 2 为放样草图轮廓,完成建模,如图 2-14(d)所示。

2.3.2 曲面立体的形成与建模

曲面立体是由曲面或曲面和平面围成的实体,其表面是曲面或曲面和平面。常见的曲面立体为回转体。常见的回转体为圆柱、圆锥、球和圆环,如图 2-15 所示。

回转体由回转面或回转面和底面围成。回转面的形成可以看作由动线(直线、圆或其他曲线)绕一定线(轴线)旋转而形成,该动线称为母线,任意位置的母线称为素线,母线上任意一点的运动轨迹均为垂直于轴线的圆即纬圆,如图 2-16 所示。

常见回转体的建模方式见表 2-1。

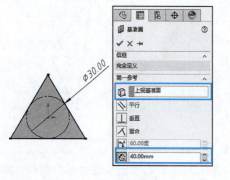
(a)绘制草图1

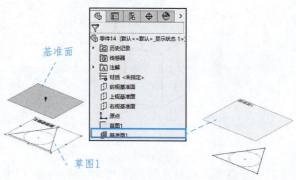
(b)建立基准面

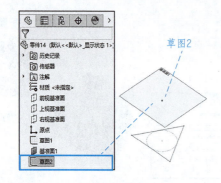
(c)绘制草图2

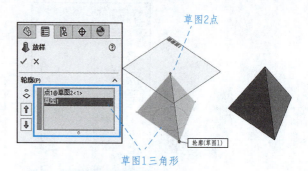
(d)放样特征形成三棱锥

图 2-14 三棱锥建模

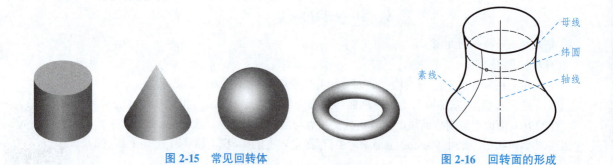

图 2-15 常见回转体　　　　　　　　　图 2-16 回转面的形成

表 2-1 常见回转体的建模方式

回 转 体	建 模 方 式
圆柱	

续上表

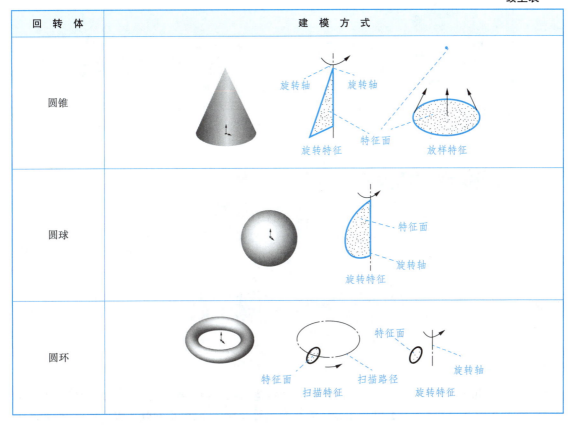

例 2-3　用扫描方式建立圆环的模型。

建模步骤：

(1) 建立草图轮廓。在上视面建立扫描路径草图，在右视面建立扫描轮廓草图，如图 2-17(a) 所示。在扫描轮廓草图编辑状态下，对轮廓草图 $\phi20$ 的圆心和路径草图 $\phi70$ 添加"穿透"关系，并退出草图编辑状态。此时，在 FeatureManager 树中，存在完全独立的草图 1 及草图 2，如图 2-17(b) 所示。

(2) 建立扫描特征。选择扫描路径为草图 1，扫描轮廓为草图 2，建立扫描特征，得到圆环模型，如图 2-17(c) 所示。

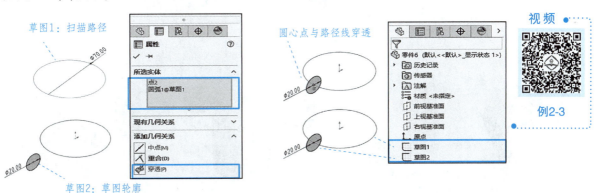

(a) 草图轮廓和路径　　　　　　　(b) 草图轮廓与路径穿透

图 2-17　圆环建模

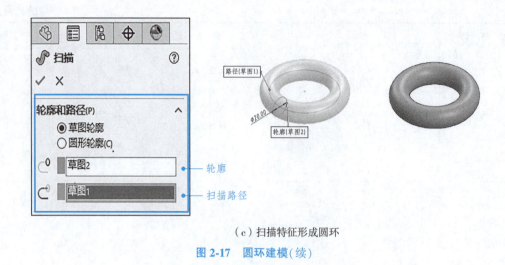

（c）扫描特征形成圆环

图 2-17　圆环建模（续）

2.4　组合体

2.4.1　组合形式

组合体是由基本立体通过叠加、挖切组合而成的，叠加和挖切两种组合方式对应于建模中的填料和除料建模方式。基本立体是构成组合体的基本单元，由此生成简单的叠加式组合体、挖切式组合体及各种由叠加、挖切综合而成的复杂立体，如图 2-18~图 2-20 所示。

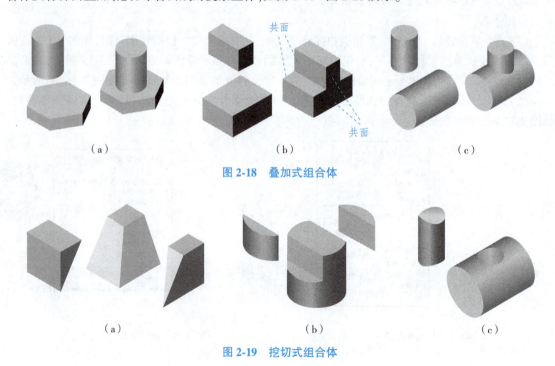

图 2-18　叠加式组合体

图 2-19　挖切式组合体

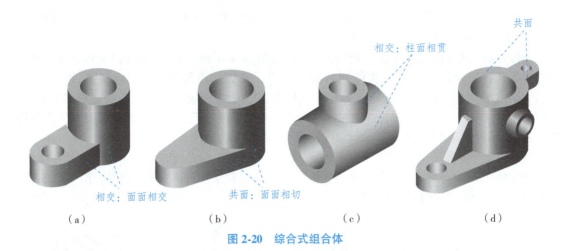

图 2-20 综合式组合体

2.4.2 相邻表面连接关系

参加组合的立体间相邻表面的连接关系有共面、相交和相切 3 种：

1. 共面

当相邻两立体表面共面时，两面融合，中间没有分界线。在图 2-18(b)中，两四棱柱的前后表面共面；在图 2-20(d)中，耳板与大圆柱顶面共面。

2. 相交

当相邻两立体表面相交时，相交处必有交线。例如，在图 2-20(a)中，底板与圆柱之间的交线，在图 2-20(c)中，轴线正交两圆柱表面的交线等。

3. 相切

当相邻两立体表面相切时，相切处光滑过渡。在图 2-20(b)中，底板侧面与圆柱面之间看不出平面与曲面的分界线。

2.4.3 组合体的构形分析

构形分析是将较复杂的立体分解成若干个简单立体的过程。如图 2-21(a)所示的组合体可看作是由底板Ⅰ、凸台Ⅱ和肋板Ⅲ叠加构成，如图 2-21(b)所示。把复杂立体分解成若干个简单立体，再把若干个简单立体组合在一起，还原成原形，从而对形体的构成形成清晰的思路，这种分析组合体

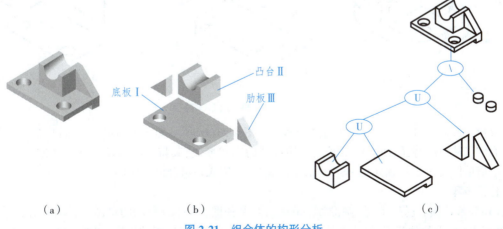

图 2-21 组合体的构形分析

形成过程的方法,称为形体分析法。形体分析法"化整为零、积零为整"的思想是进行空间构思造型的基础,也是建立组合体模型的关键所在。

形体分析方法可以通过构造实体几何表示法 CSG(constructive solid geometry)直观地加以描述。构造实体几何表示法是计算机实体造型的一种构形方法。它利用正则集合运算,即并(∪)、交(∩)、差(\)运算方式,将复杂体定义为简单体的合成。运用构造实体几何表示法将实体表示成一棵二叉树,即 CSG 树,能形象地描述复杂体构形的整个思维过程,对分析、构建模型有很大帮助。图 2-21(a)所示组合体的 CSG 树如图 2-21(c)所示。

通过以上分析可见,要构建一个复杂体,形体分析是关键。但是,针对同一复杂体可能存在几种不同的拆分方法,以分解为构成的简单体数量最少、最能反映立体特征为最终目的。图 2-22 反映了针对同一立体所能采取的不同构形方案。

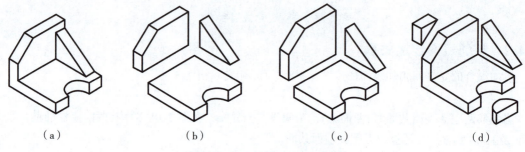

(a) (b) (c) (d)

图 2-22 组合体的不同构形方案

2.4.4 组合体特征建模举例

组合体建模的基本方法是形体分析法,通过构形分析,先构建基本几何体或简单立体,再根据它们之间相邻表面的连接关系,创建组合体。同一个模型其构形分析和特征建模方法不是唯一的,基本原则是思路清晰,特征草图绘制方便、合理,模型创建正确、迅速且符合实际的制作过程。

例 2-4 创建如图 2-23(a)所示的组合体模型。

视频
例2-4

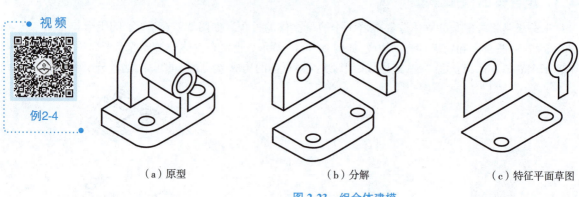

(a) 原型 (b) 分解 (c) 特征平面草图

图 2-23 组合体建模

分析:按形体分析法,可将该组合体分解为如图 2-23(b)所示的 3 个简单体,而且这 3 个简单体都具有广义柱体的特征,即均可以通过拉伸特征的方式形成,其特征平面草图如图 2-23(c)所示。将 3 个简单体按图 2-24 所示的 CSG 树表示法叠加,即完成该组合体的建模。

建模步骤:

(1)底板建模:选择"上视"基准面 上视基准面 ,绘制如图 2-25(a)所示的草图,选择"拉伸凸台/基体"特征 ,向上拉伸草图,终止条件为"给定深度"10 mm,完成底板的建模,如图 2-25(b)所示。

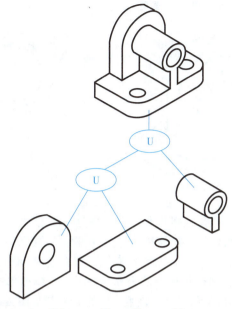

图 2-24　例 2-4 的 CSG 树

(2) 立板建模：选择"右视"基准面 ，绘制如图 2-25(c)所示的草图，草图下边与底板的上表面重合。选择"拉伸凸台/基体"特征 ，向前拉伸草图，终止条件为"给定深度"10 mm，完成立板的建模，如图 2-25(d)所示。

(3) 凸起结构建模：选择底板的前端面为草图平面，绘制如图 2-25(e)所示的草图，图形的底边位于底板的上表面，内圆的直径与立板圆孔添加"相等"关系。选择"拉伸凸台/基体"特征 ，向后拉伸草图，终止条件为"成形到下一面"且选择立板的前端面[见图 2-25(f)]，完成组合体的建模，如图 2-25(g)所示。

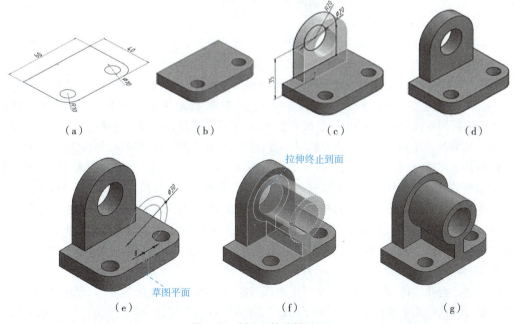

图 2-25　例 2-4 的建模过程

例2-5 创建如图2-26所示的组合体模型。

视频
例2-5

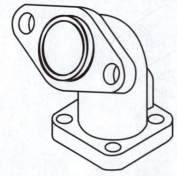 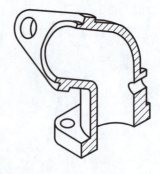

图2-26 组合体模型

分析：该组合体是由底板、弯管、连接板和凸台等部分组成的，如图2-27所示。底板、连接板和凸台都具有广义柱体的特征，可以采用拉伸特征建立，弯管则需要采用扫描特征建立。对于组合体内部的孔和槽结构，如果该结构只与一个基本体有关，最好在绘制草图时直接绘制出该结构，以便形成立体时一次成形，如底板小孔和连接板上的小孔。如果组合体内部的孔和槽结构与几个部分有关，该结构应最后处理，如形体内部的通孔。该组合体的CSG树如图2-28所示。

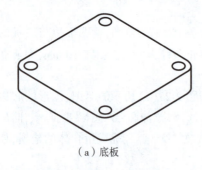   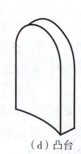

（a）底板　　　　　　　　（b）弯管　　　　（c）连接板　　　（d）凸台

图2-27 形体分析过程

建模步骤：

（1）底板建模：选择"上视"基准面，绘制底板草图。选择"拉伸凸台/基体"特征，定义拉伸高度为10 mm，完成底板的建模，如图2-29（a）所示。

（2）弯管建模：在"右视"基准面，绘制如图2-29（b）所示的路径草图，在底板上表面绘制如图2-29（c）所示的轮廓草图。单击"扫描"按钮，建立"扫描"特征，完成弯管建模，如图2-29（d）所示。

（3）连接板的建模：在弯管端面绘制如图2-29（e）所示的连接板草图。选择"拉伸凸台/基体"特征，定义拉伸的开始条件和终止条件如图2-29（f）所示，完成连接板的建模，如图2-29（g）所示。

（4）凸台的建模：在底板右端面绘制如图2-29（h）所示的凸台草图。选择"拉伸凸台/基体"特征，定义拉伸的开始条件和终止条件如图2-29（i）所示，完成凸台的建模，如图2-29（j）所示。

（5）建立扫描切除特征：选择"右视"基准面上，绘制草图路径，也可通过草图工具栏中"转换实体引用"命令按钮，选择之前扫描路径草图，完成草图绘制，如图2-29（k）所示。选择"上视"基准面创建如图2-29（l）所示的草图作为扫描轮廓。退出草图编辑环境，单击"扫描切除"按钮，建立扫描切除特征，如图2-29（m）所示。

（6）创建凸台孔结构：选中凸台前端面作为草图绘制平面，绘制如图2-29（n）所示的草图，建立"拉伸切除"特征，终止条件选择"成形到下一面"，创建凸台孔结构，如图2-29（o）所示，完成了组合体的全部建模过程，结果如图2-29（p）所示。

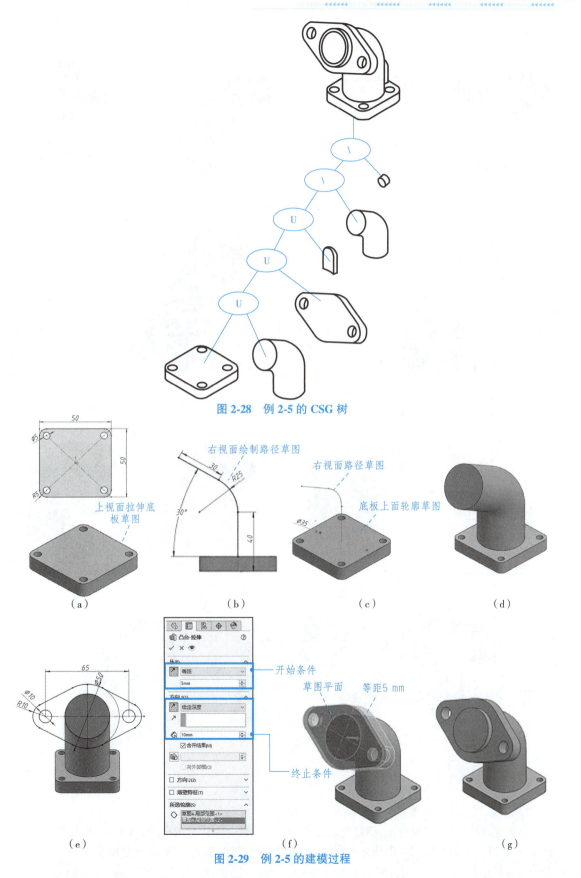

图 2-28 例 2-5 的 CSG 树

图 2-29 例 2-5 的建模过程

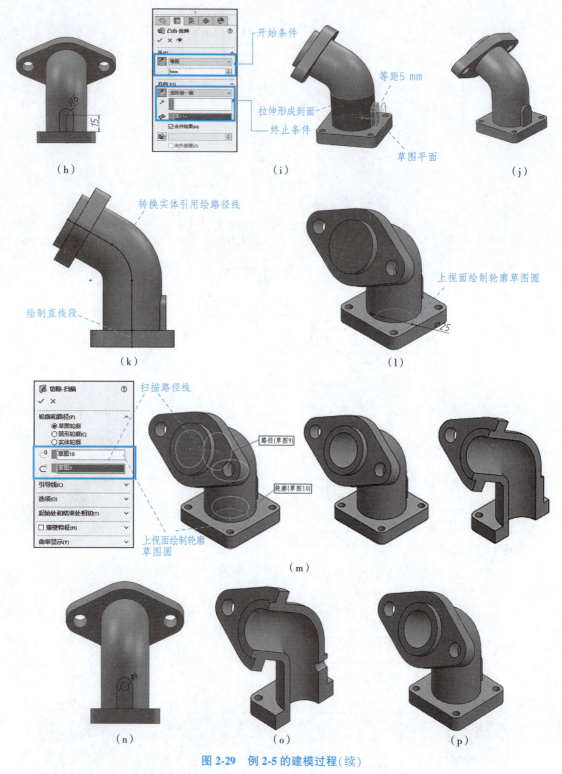

图 2-29 例 2-5 的建模过程(续)

例2-6 利用草图轮廓建立如图 2-30 所示的组合体。

分析:按照常规的建模方法,通过对图 2-30(a)所示组合体模型的分析,其 CSG 树如图 2-30(b)所示,建模过程是分别绘制 3 个独立的草图,通过拉伸和拉伸切除特征运算创建模型。

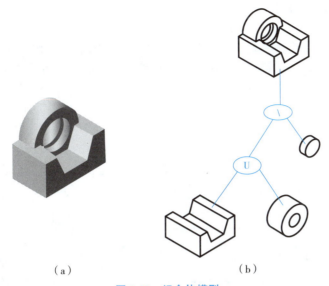

（a）　　　　　　　　　　　　　（b）

图 2-30　组合体模型

SolidWorks 2020 允许用户选择由几何图形相交所形成草图的一部分来建立特征,这种草图称为轮廓草图。利用轮廓草图的优点是草图可以被再次利用,提高建模速度。

图 2-31(a)所示的草图包含多个由草图几何图形相交而形成的草图轮廓。它们可以单独使用,也可以和其他轮廓组合使用。该草图中存在多个可用的轮廓,分别是图 2-31(b)所示的独立草图轮廓和图 2-31(c)所示的组合草图轮廓(图中阴影部分)。利用这些轮廓草图,可以建立若干实体,其中的一部分如图 2-32 所示。

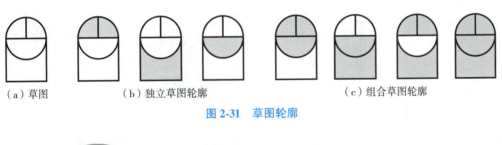

（a）草图　　　　　　（b）独立草图轮廓　　　　　　　（c）组合草图轮廓

图 2-31　草图轮廓

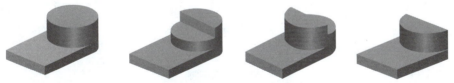

图 2-32　由草图轮廓创建的模型

可见使用轮廓草图创建组合体,可大幅提高建模速度。

建模步骤:

(1)绘制草图:在"右视"基准面上,绘制如图 2-33(a)所示的草图 1,通过尺寸标注和添加几何关系使其完全定义,退出草图编辑状态。

(2)建立拉伸特征 1:在特征管理器中[见图 2-33(b)]中选择"轮廓选择工具",分别选中草图 1 中局部范围轮廓,作为拉伸特征所需的特征草图[见图 2-33(c)],创建拉伸特征,形成的模型如图 2-33(d)所示。

(3)建立拉伸特征 2:用轮廓选择工具再次在草图 1 中[草图 1 始终处于显示状态,见图 2-33(e)],

选中图 2-33(d)所示的组合轮廓(局部范围<2>),作为拉伸特征所需的特征草图,参数设置如图 2-33(f)所示,创建拉伸特征,形成的模型如图 2-33(g)所示。

(4)建立拉伸切除特征:利用轮廓选择工具,选中草图 1 中图 2-33(h)所示的组合轮廓,作为拉伸切除特征所需的特征草图。拉伸切除特征的起始、终止条件选择如图 2-33(i)所示。完成了组合体的建模,形成的模型如图 2-33(j)所示。

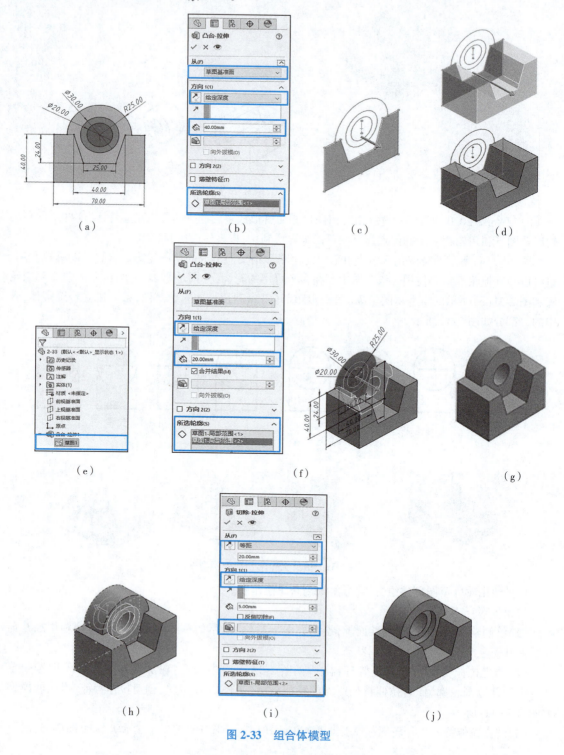

图 2-33　组合体模型

2.5 组合体构形设计

根据已知条件构思组合体的结构、形状并表达成图的过程称为组合体的构形设计。组合体的构形设计能把空间想象、构思形体和表达三者结合起来。这不仅能促进画图、读图能力的提高,还能发展空间想象能力,同时在构形设计中还有利于发挥构思者的创造性。

2.5.1 构形设计的原则

1. 以基本体为主的原则

组合体构形设计应尽可能地体现工程产品或零部件的结构形状和功能,以培养观察、分析和综合能力,但又不强调必须工程化。所设计的组合体应尽可能由基本立体组成。图 2-34 所示为设计的卡车模型,它由基本的平面立体、回转体经叠加、挖切而组成。

2. 连续实体的原则

组合体构形设计生成的实体必须是连续的,且便于加工成形。为使构形符合工程实际,应注意形体之间不能以点、线、圆连接,如图 2-35 所示。

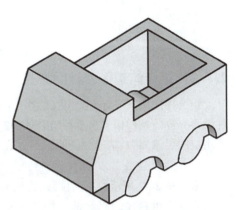

图 2-34 构形设计

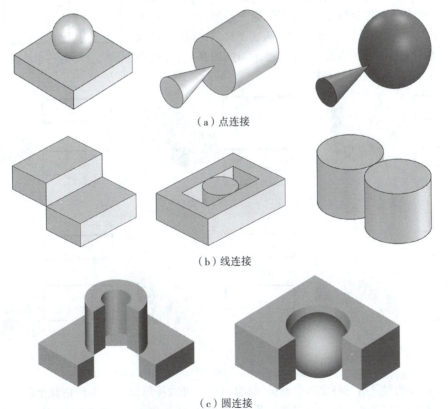

(a)点连接

(b)线连接

(c)圆连接

图 2-35 不连续实体

3. 体现造型艺术的原则

组合体构形设计中，除了体现产品本身的功能要求之外，还要考虑美学和工艺的要求，即综合地体现实用、美观的造型设计原则。均衡和对称形体的组合体给人稳定和平衡感，如图 2-36 所示。

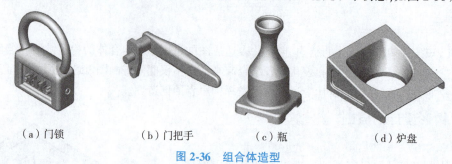

（a）门锁　　　　（b）门把手　　　　（c）瓶　　　　（d）炉盘

图 2-36　组合体造型

2.5.2　组合体构形设计的方法

组合体的构形设计，主要方式之一是根据组合体的某个投影图，构思出各种不同的组合体。这种由不充分的条件构思出多种组合体的过程，不仅要求熟悉组合体画图、读图的相关知识，还要自觉运用空间想象能力，培养创新的思维方式。

1. 通过表面的凹凸、正斜、平曲的联想构思组合体

根据图 2-37 所示的正面投影，构思不同形状的组合体。

假定该组合体的原形是一块长方板，板的前面有三个彼此不同位置的可见面。这三个表面的凹凸、正斜、平曲可构成多种不同形状的组合体。先分析中间的面形，通过凸与凹的联想，可构思出图 2-38（a）、（b）所示的组合体；通过正与斜的联想，可构思出图 2-38（c）、（d）所示的组合体；通过平与曲的联想，可构思出图 2-38（e）、（f）所示的组合体。

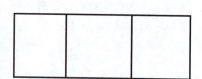

图 2-37　由一个投影构思组合体

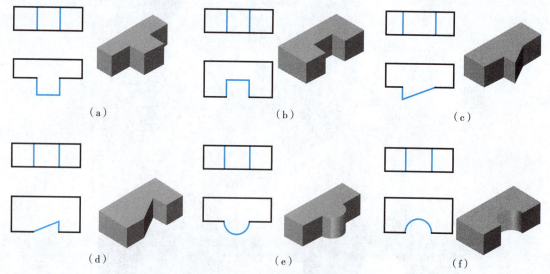

图 2-38　通过凹凸、正斜、平曲联想构思组合体

用同样的方法对其余的各面进行分析、联想、对比，可以构思出更多不同形状的组合体，图 2-39 中只给出了其中一部分组合体的直观图。若对组合体的后面也进行正斜、平曲的联想，构思出的组合体将更多，读者可自行构想。

必须指出,上述方法不仅对构思组合体有用,在读图中遇到难点时,进行"先假定、后验证"也是不可少的。这种联想方法可以使人思维灵活、思路畅通。

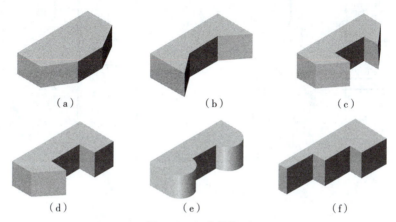

图 2-39　组合体构形

根据图 2-40 所示组合体的一个投影,构思不同结构的组合体。

2. 通过基本体之间组合方式的联想构思组合体

把所给投影作为两基本体的简单叠加或切挖可构思出如图 2-41 所示的组合体。

把所给投影作为基本体的截切构思出的组合体如图 2-42 所示。

符合所给投影的组合体构形远不止以上几种,读者可自行通过对基本体及其组合方式的联想构思出更多的组合体。

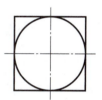

图 2-40　由一个视图构思组合体

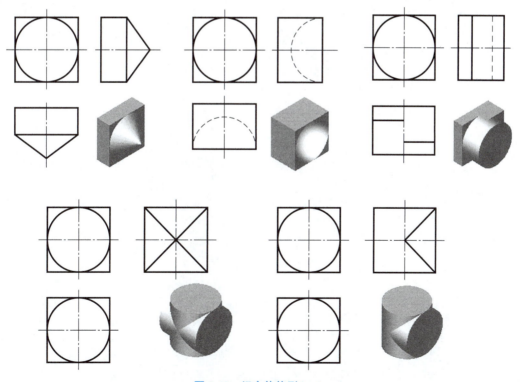

图 2-41　组合体构形(一)

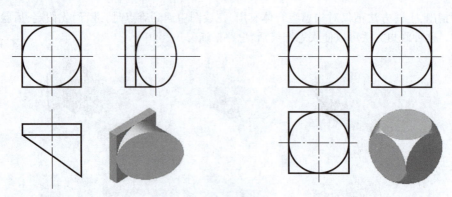

图 2-42 组合体构形(二)

第 3 章 立体的计算机三维建模

与手工绘图相比,计算机绘图具有作图精度高、出图速度快、易于修改、便于保存等特点,且随着计算机技术的发展,三维实体造型正在成为机械结构设计的主要方式。本书选用在 Windows 平台下开发的三维机械设计自动化软件 SolidWorks。从 1995 年 SolidWorks 公司发布的第一个 SolidWorks 商品化版本开始,SolidWorks 在全球得到了迅速推广和应用。SolidWorks 作为一款优秀的三维 CAD 设计软件,在机械设计和工程分析等领域具有广泛的应用前景。通过学习和掌握 SolidWorks 的三维立体建模流程、常用功能及建模技巧,可以更加高效地进行产品设计和分析工作。本章主要讲述草图绘制、基本体建模、组合体建模等方法。

3.1 草图绘制

使用 SolidWorks 软件,设计者可以快速地绘制草图(平面图形),并运用各种特征以生成三维模型,同时可以生成详细的工程图。本节主要介绍 SolidWorks 2020 中草图的绘制方法。

3.1.1 SolidWorks 2020 简介

1. SolidWorks 2020 系统的启动

SolidWorks 2020 软件安装完毕后,在桌面上将自动出现一个运行该软件的快捷方式图标,如图 3-1(a)所示。双击该图标,启动软件系统,新建文件则弹出如图 3-1(b)所示的窗口。SolidWorks 文件包含三种类型:零件、装配体及工程图。其设计过程是由零件创建装配体,由零件、装配体创建工程图。

2. SolidWorks 2020 用户界面

以零件设计界面为例,说明 SolidWorks 2020 用户界面的主要构成,如图 3-2 所示。

(1)菜单浏览器:鼠标移至箭头处可弹出下拉菜单,包括子菜单项,其中包含 SolidWorks 的所有命令。单击 ➡ 按钮,可使菜单固定。

(2)工具栏:包含 SolidWorks 的常用命令,是根据其功能组织的,可以根据需要显示或关闭任一工具栏,或移动工具栏的位置,也可以自定义工具栏中的按钮。SolidWorks 中的工具栏有很多,图 3-2 中仅显示了几个草图绘制过程中常用的工具栏,包括"标准工具栏""命令管理器""参考几何体工具栏""尺寸/几何关系工具栏"等。右击任一工具栏的空白处,通过弹出的快捷菜单可关闭或显示任意工具栏,也可以自定义工具栏,如图 3-3 所示。

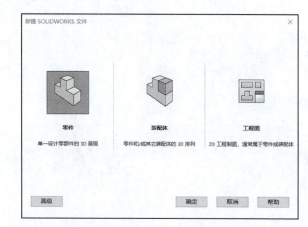

（a）快捷方式按钮　　　　　　　（b）"新建SOLIDWORKS文件"对话框

图 3-1　SolidWorks 2020 启动

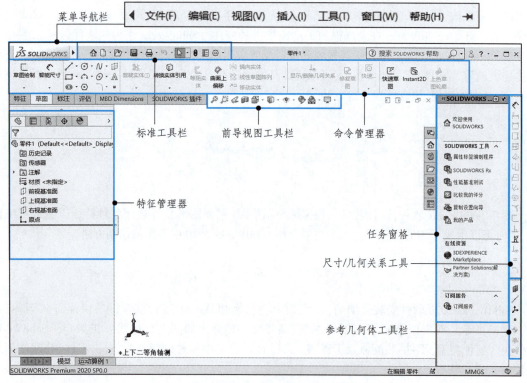

图 3-2　SolidWorks 2020 零件设计界面

（3）命令管理器(CommandManager)：这是在绘图和三维造型时最常用的工具栏,它会根据打开的文档类型嵌入相应的工具。当切换左侧的控制选项卡 特征 草图 标注 时,上面的面板内容也会更新,显示相应的工具栏。

（4）特征管理器(FeatureManager 设计树)：特征管理器 是 SolidWorks 中的一个独特部分,可以显示出零件或装配体中的所有特征。当一个特征建好后,就加入 FeatureManager 设计树的列表中,因此设计树展示了建模操作的先后顺序,通过设计树,用户可以编辑零件中的所有特征,也可拖动特征管理器下方的蓝色横条回溯设计过程。

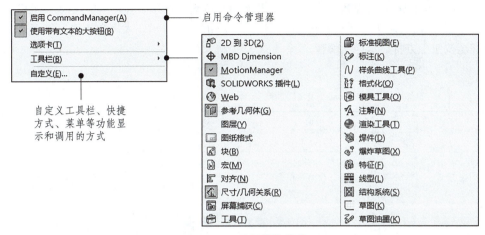

图 3-3　工具栏快捷菜单

（5）属性管理器（PropertyManager）：属性管理器 标签在特征管理器标签的右侧，它可以用来设置对象的属性。当在 SolidWorks 图形区域选择某个对象时，属性管理器就会被激活，同时显示对象的常用属性，因而其内容随着选中的对象而不同。另外，许多 SolidWorks 命令是通过属性管理器执行的，可以认为 PropertyManager 是一种对话框。例如，当选择一条直线后，属性管理器就会激活，如图 3-4 所示。

3.1.2　草图

SolidWorks 中的草图不是指徒手绘制的草图，而是指二维轮廓或截面，即平面图形，它是立体建模的第一步。草图包括基准面、几何关系以及尺寸三方面的信息。由于 SolidWorks 的草图采用了尺寸驱动技术，使得草图的修改过程变得非常容易。在实际的草图设计工作中，设计者可根据需要不断地修改草图，以符合设计意图。

1. 草图绘制

（1）基准面的选择：要创建草图，必须选择一个绘制草图的平面，即基准面。该平面可以是系统默认的初始平面、建立的平面和已经存在实体的内外表面。但基准面必须是平面，不能是曲面。SolidWorks 系统默认三个初始平面是前视（front）、上视（top）和右视（right）。草图绘制平面是表示空间位置的平面，只有位置没有大小和厚度，三个初始平面和一个坐标原点构成了 SolidWorks 默认的空间坐标系，如图 3-5 所示。

图 3-4　直线的属性管理器

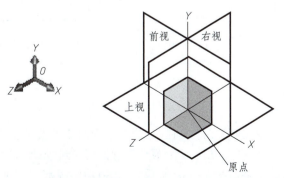

图 3-5　系统默认的草图平面与坐标原点

(2)草图绘制工具:选择基准面之后,即可开始绘制草图。在命令管理器中选中"草图"选项卡,调出草图绘制工具栏,用于绘制和编辑各种几何形状,如图3-6所示。大多数按钮上带有文字说明,将鼠标移至按钮上方将显示详细解释。

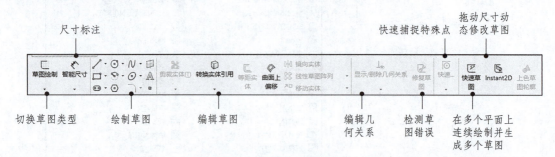

图3-6 草图绘制工具栏

草图绘制通常从原点开始,原点为草图提供了定位点,如图3-7(a)所示。尽管中心线不是草图所必需的,但恰当使用中心线,可以帮助建立对称关系,如图3-7(b)、(c)所示。

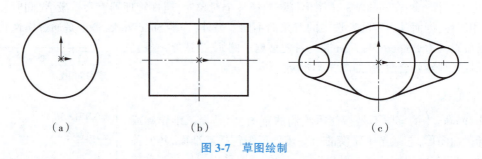

图3-7 草图绘制

2. 几何关系

几何关系就是草图元素或元素之间可能存在的位置关系。一旦添加了某种几何关系,当草图元素的尺寸或者位置发生变化时,其草图元素之间依然保持着这种几何关系。给草图元素之间添加几何关系反映了设计者的设计意图。几何关系保存在草图之中,可以通过推理或添加获得。

如图3-8(a)所示,画一条竖直线时,反馈指针的显示,说明"竖直"的几何关系已经保存在草图之中;再过该直线中点画一条水平线,当出现如图3-8(b)所示的反馈指针时,"水平"关系就已经存在了。拖动草图实体,竖直、中点及水平等几何关系始终保持不变,如图3-8(c)所示。

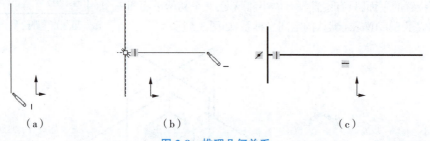

图3-8 推理几何关系

添加几何关系可用尺寸/几何关系工具栏(见图3-2)中的按钮 ⊥ 来实现。例如,对图3-9(a)中的任意两个圆的圆心添加"水平"的几何关系,属性管理器切换到"添加几何关系"对话框,如图3-10所示。设置所需信息后,其结果如图3-9(b)所示,任意拖动两圆都不会改变两圆圆心水平的几何关系。

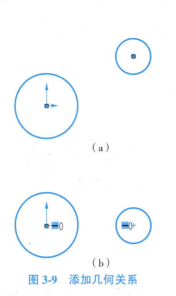

图 3-9　添加几何关系

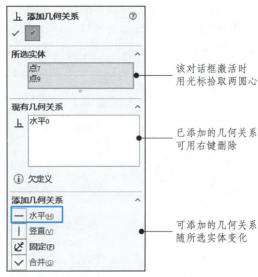

图 3-10　添加几何关系对话框

在图 3-9(b)基础上，任意画两条直线，如图 3-11(a)所示。在直线与圆之间，分别添加"相切"关系，则草图驱动到如图 3-11(b)所示。单击草图绘制工具栏上的"裁剪实体"按钮 ✂（裁剪到最近端方式），剪切掉多余线段，得到如图 3-11(c)所示草图。在几何关系的限制下，随意拖动小圆都不会改变直线与两圆的相切几何关系，如图 3-11(d)所示。

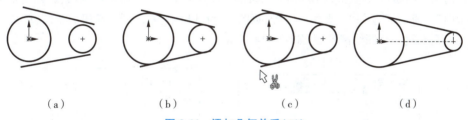

图 3-11　添加几何关系(二)

3. 尺寸标注

只添加了几何关系的草图仍然是欠定义的，如图 3-11(d)所示的草图，两圆的大小及圆心距是可变的。加入尺寸标注，才能完全定义该草图。在 SolidWorks 中标注尺寸，可使用"智能尺寸"命令 ✎。SolidWorks 的尺寸标注是动态预览的，因此当选定了元素后，尺寸会依据放置位置不同来确定尺寸的标注类型，并自动测量尺寸，如图 3-12(a)、(b)、(c)所示。当开始标注尺寸和修改尺寸时，属性管理器会自动展开，所有细节都可以在尺寸标注管理器中修改，包括尺寸数字、前缀、后缀、箭头的形式和方向、尺寸精度、尺寸公差和一些特殊符号等。如果想修改尺寸，双击要修改的尺寸即可重新输入，如图 3-12(d)所示。

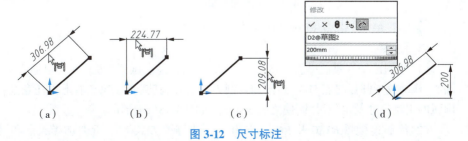

图 3-12　尺寸标注

给图 3-11(d)所示草图标注两圆直径及圆心距尺寸,草图则完全定义,如图 3-13(a)所示。此时,若加注切线长度尺寸,则出现如图 3-13(b)所示提示,选中"将此尺寸设为从动"单选按钮后,草图如图 3-13(c)所示。

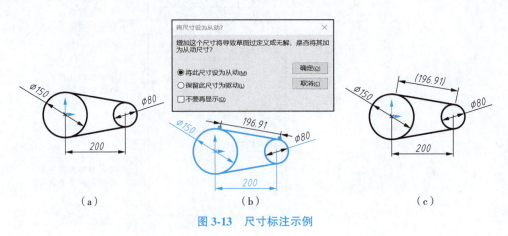

图 3-13　尺寸标注示例

在 SolidWorks 中,草图的定义状态不同,显示的颜色也不同。系统默认状态下,欠定义状态草图显示为蓝色,完全定义状态草图显示为黑色,过定义状态草图显示为红色。

4. 草图编辑与修改

草图绘制完成以后,单击标准工具栏上的"重建模型"按钮 或单击草图绘制工具栏上的按钮 都可以退出草图编辑状态,此时在 FeatureManager 设计树中出现"草图 1"选项,若是欠定义草图,则在"草图 1"前标有减号"-"。要编辑、修改草图,在设计树中,右击所要编辑的草图,单击"编辑草图"按钮 ,重新进入草图绘制界面,如图 3-14 所示。

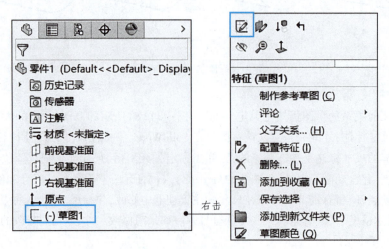

图 3-14　草图编辑与修改

视频
例3-1

例 3-1　绘制如图 3-15 所示的草图。

作图步骤:

(1)绘制已知圆弧 R30 及 R15。采用"圆心/起/终点画弧"方式 ,以原点为 R30 的圆心,拖动放置圆弧起点与终点;同理绘制 R15 圆弧,其圆心在原点右上方任意处;标注两圆弧的定型尺寸及定位尺寸,使之完全定义,如图 3-16(a)所示。

(2)绘制连接弧 R180 及 R60。采用"三点圆弧"方式 ,近似选择起点和终点,然后拖动圆弧，使其靠近与两已知弧相内切和外切的位置，如图 3-16(b)所示。分别添加连接弧与已知弧之间的"相切"几何关系，如图 3-16(c)所示。

(3) 标注连接弧尺寸 R180 及 R60，使其完全定义，拖动连接弧端点，使其超过切点，如图 3-16(d)所示。

(4) 单击"裁剪实体"按钮 ，剪切掉已知弧与连接弧之间多余的部分，如图 3-16(e)所示。

(5) 绘制已知圆 ⌀32 及 ⌀15，并标注尺寸使之完全定义，如图 3-16(f)所示。

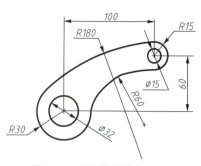

图 3-15 平面草图绘制实例

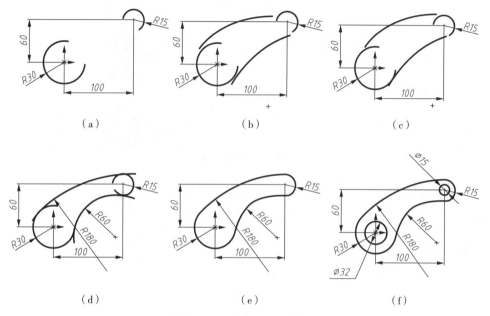

图 3-16 平面草图作图过程

5. 草图绘制实例

下面结合实例介绍以直线为主的草图绘制步骤。为了方便绘制草图和特征建模，可以在工具栏的任何位置右击，从弹出的快捷菜单中选择"工具栏"命令，打开"工具栏"菜单。单击"特征"和"草图"，将这两个工具栏分别放在屏幕两侧，如图 3-17 所示。SolidWorks 中需要的工具栏都可以用这种方法打开。

例3-2 绘制如图 3-18(d)所示的草图。

绘制该草图的方法有很多，本例中为了让大家熟练草图绘制和草图编辑命令，采用比较烦琐的步骤。选择前视面，单击"直线"按钮右侧的下拉按钮[见图 3-18(a)]，选择"中心线"过原点绘制一条竖直中心线，再次单击"直线"按钮，绘制中心线左侧线段，并标注尺寸，使其完全定义，如图 3-18(b)所示。

单击草图中的"镜像" 按钮，在"镜像"属性管理器中，在"要镜像的实体"复选框中选择图 3-18(b)中心线左侧的所有线段，在"镜向轴"复选框中选择图 3-18(b)中的中心线，单击"确定" 按钮，如图 3-18(c)所示。单击"剪裁实体"按钮，剪切掉原点下方的一段实线，完成草图绘制，如图 3-18(d)所示。保存文件名为"例 3-2"。

视频

例3-2

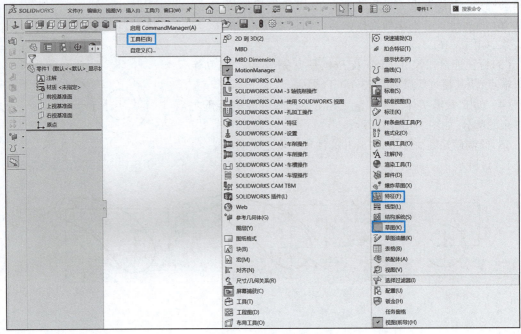

图 3-17 打开工具栏

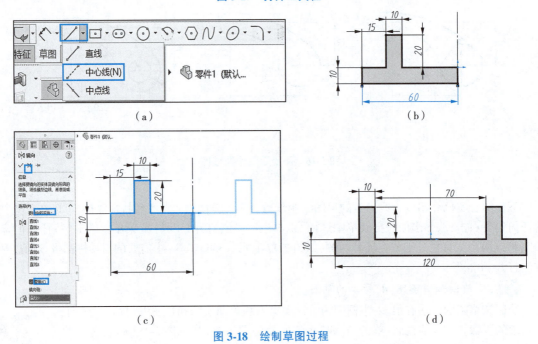

图 3-18 绘制草图过程

3.2 基本体建模

在第 2 章中已经介绍了特征建模与基本体建模,本节将更为系统地介绍特征建模、基本体建模实例。

3.2.1 拉伸特征

拉伸特征是将一个用草图描述的截面,沿指定的方向(一般情况下是沿垂直于截面方向)延伸一段距离后形成的特征。拉伸是 SolidWorks 模型中最常见的类型,具有相同截面及一定长度的实体(如长方体、圆柱体等)都可以由拉伸特征来形成。

(1)打开文件例 3-2,3-1 节中绘制的草图 3-18(d)保持处于激活状态,单击"特征"工具栏中的"拉伸凸台/基体"按钮,或选择菜单栏中的"插入"→"凸台/基体"→"拉伸"命令。

(2)此时系统弹出"凸台-拉伸"属性管理器,各选项的注释如图 3-19 所示。

(3)在"方向 1"选项组的(终止条件)下拉列表中选择拉伸的终止条件为"两侧对称",

(4)在"拉伸深度"中输入 30,单击"确定"按钮生成如图 3-20 所示的实体。

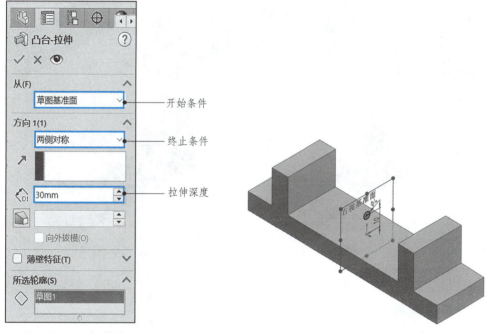

图 3-19 "凸台-拉伸"属性管理器　　　　　　图 3-20 生成实体

(5)选择"右视基准面"为草图平面,绘制图 3-20 中的圆。

(6)在"方向 1"选项组的(终止条件)下拉列表中选择拉伸的终止条件。有以下几种:

• 给定深度:从草图的基准面拉伸到指定的距离平移处,以生成特征,如图 3-21(a)所示。

• 完全贯穿:从草图的基准面拉伸直到贯穿所有现有的几何体,如图 3-21(b)所示。

• 成形到下一面:从草图的基准面拉伸到下一面(隔断整个轮廓),以生成特征,如图 3-21(c)所示。下一面必须在同一零件上。

• 成形到一面:从草图的基准面拉伸到所选的面以生成特征,本例中选取实体的最左侧面,如图 3-21(d)所示。

• 到离指定面指定的距离:从草图的基准面拉伸到离某面的特定距离处,本例中选取实体的最右侧面,距离输入 10,以生成特征,如图 3-21(e)所示。

• 两侧对称:从草图基准面向两个方向对称拉伸,如图 3-21(f)所示。

• 成形到一顶点:从草图基准面拉伸到一个平面,这个平面平行于草图基准面且穿越指定的顶点,如图 3-21(g)所示。

• 成形到实体:拉伸草图到所选实体,如图 3-21(h)所示。

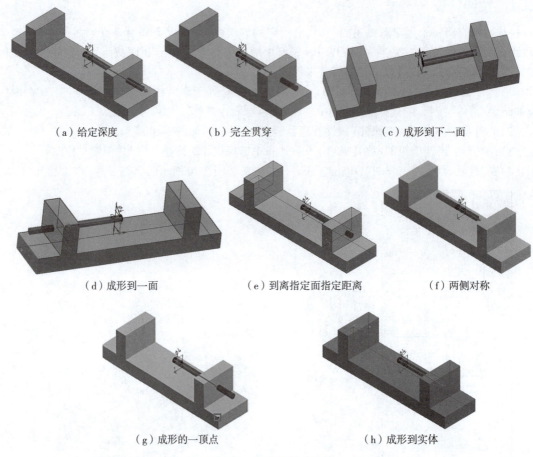

图 3-21 拉伸的终止条件

3.2.2 拉伸切除特征

拉伸切除特征的步骤如下：

(1) 单击"新建文件"按钮。

(2) 选择"零件"新建文档后，单击"确定"按钮。

(3) 必须先建立基体，才能执行切除。所建立的基体如图 3-22 所示。

(4) 选择建立切除草图的绘图平面，再执行"草图绘制"命令，画一草图圆，如图 3-22 所示。

(5) 单击"拉伸-切除" 按钮，打开"切除-拉伸"属性管理器，如图 3-23 所示。

(6) 在"方向 1"选项组的(终止条件)下拉列表中选择拉伸的终止条件。有以下几种：

• 给定深度：从草图的基准面切除到指定的距离平移处，以生成特征，如图 3-24(a)所示。

• 完全贯穿：从草图的基准面拉伸直到贯穿所有现有的几何体，如图 3-24(b)所示。

• 成形到下一面：从草图的基准面切除到下一面(隔断整个轮廓)，以生成特征，如图 3-24(c)所示。下一面必须在同一零件上。

• 成形到一面：从草图的基准面切除到所选的面以生成特征，本例中选取实体的最上面，如图 3-24(d)所示。

• 到离指定面指定距离：从草图的基准面切除到离某面的特定距离处，本例中选取实体的最底面，距离输入 30，以生成特征，如图 3-24(e)所示。

- 两侧对称:从草图基准面向两个方向对称切除,在深度框中输入40,如图3-24(f)所示。
- 成形到一顶点:从草图基准面切除到一个指定的顶点,"拉伸方向"框中选择边线,如图3-24(g)所示。
- 成形到实体:切除草图到所选实体,如图3-24(h)所示。

图 3-22　拉伸切除基体

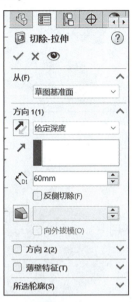

图 3-23　"切除-拉伸"属性管理器

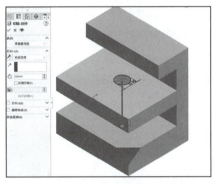

（a）给定深度

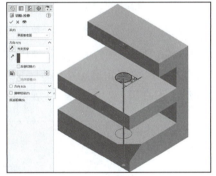

（b）完全贯穿

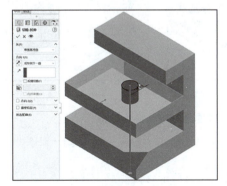

（c）成形到下一面

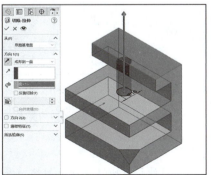

（d）成形到一面

图 3-24　拉伸切除的终止条件

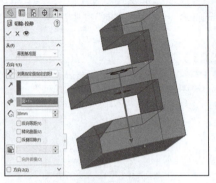 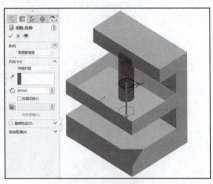

　　　　　（e）到离指定面指定距离　　　　　　　　（f）两侧对称

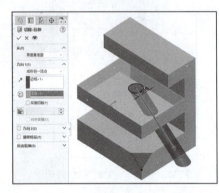 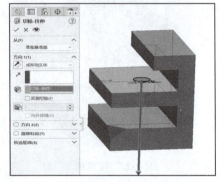

　　　　　（g）成形到一顶点　　　　　　　　　　　（h）成形到实体

图 3-24　拉伸切除的终止条件（续）

下面以如图 3-25 所示为例，说明"反侧切除"复选框对拉伸切除特征的影响。图 3-25（a）所示为在圆柱端面绘制的草图轮廓；图 3-25（b）所示为取消选中"反侧切除"复选框的拉伸切除特征；图 3-25（c）所示为选中"反侧切除"复选框的拉伸切除特征。

 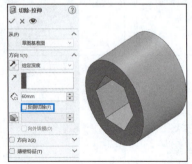 

　（a）绘制草图轮廓　　　（b）未选中"反侧切除"复选框　　　（c）选中"反侧切除"复选框

图 3-25　反向切除复选框对拉伸-切除特征的影响

3.2.3　基本体实例

例3-3　利用拉伸和拉伸切除特征创建如图 3-26（a）所示的模型。

绘图过程如下：

(1) 选择"上视基准面"为草图平面，在"草图"工具栏中选择绘制"圆"命令绘制圆柱的截面圆,如图 3-26(b)所示。

(2)拉伸成实体,如图 3-26(c)所示。

(3)选择"前视基准面"为草图平面,绘制矩形图,如图 3-26(d)所示。

(4)选择"拉伸-切除"命令,终止条件选择"两侧对称",在"深度"文本框中输入 80,如图 3-26(e)所示。

(5)单击"确定"按钮,完成模型创建。

例3-3

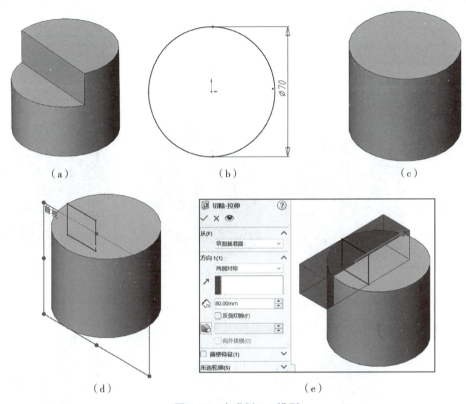

图 3-26 生成例 3-3 模型

例 3-4 利用旋转和拉伸切除特征创建如图 3-27(a)所示的模型。

绘图过程如下:

(1)选择"前视基准面"为草图平面,在草图工具栏中选择绘制"圆" ⊙ 和"直线" ╱命令绘制草图,如图 3-27(b)所示。

(2)单击"拉伸"下拉按钮,选择"旋转凸台/基体",如图 3-27(c)所示。

(3)在"旋转轴"文本框中,单击图 3-27(b)中的轴线,如图 3-27(d)所示。

(4)单击"确定"按钮完成模型创建,如图 3-27(e)所示。

(5)选择"前视基准面"为草图平面,绘制矩形图,如图 3-27(f)所示。

(6)选择"拉伸-切除"命令,"终止条件"选择"两侧对称"在"深度"文本框中输入 80,单击"确定"按钮,切角后的模型,如图 3-27(g)所示。

(7)在"特征"工具栏上选择"线性阵列"下拉菜单中的"镜向"命令。在"镜向面"文本框中,选择"右视基准面";在"要镜向的特征"框中选择图 3-27(g)中的切角特征,如图 3-27(h)所示。

(8)单击"确定"按钮完成模型创建。

例3-4

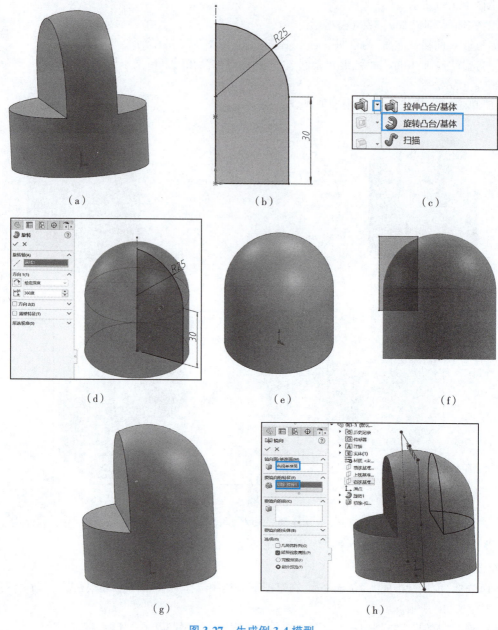

图 3-27　生成例 3-4 模型

3.3　组合体建模

SolidWorks 建构 3D 实体模型的三大步骤：
(1) 选择绘图平面(可为基准面或已存在的实体平面)。
(2) 绘制草图(利用各种草图绘制工具及几何限制方式定义草图，请参考第 3.1 节)。
(3) 由绘制完成的草图，选择建立 3D 模型的方式(如"拉伸""旋转""扫描"等)。

3.3.1 切割为主的组合体建模

例 3-5 利用拉伸和拉伸切除特征创建如图 3-28(a)所示的切割类组合体模型。

(1) 右视基准面画草图拉伸 22 mm:建母体,如图 3-28(b)所示。
(2) 在立体前表面绘草图:确定正垂面位置,如图 3-28(c)所示。
(3) 拉伸切除,完成正垂面切立体结构,如图 3-28(d)所示。
(4) 上表面绘制梯形草图,如图 3-28(e)所示。
(5) 拉伸切除梯形槽,建模完成,如图 3-28(f)所示。

视频
例3-5

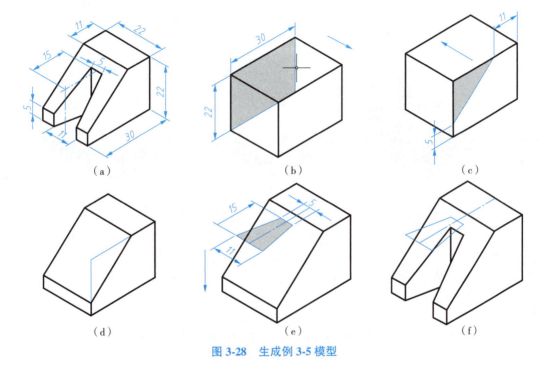

图 3-28 生成例 3-5 模型

3.3.2 叠加为主的组合体建模

例 3-6 利用拉伸和拉伸切除特征创建如图 3-29(a)所示的叠加类组合体模型。

(1) 在上视基准面画草图拉伸 6 mm:生成底板,如图 3-29(b)所示。
(2) 在底板右表面绘草图两个圆:在"凸台-拉伸"属性框中,单击"反向" 按钮使圆柱向左拉伸 12 mm,如图 3-29(c)所示。
(3) 在底板右表面绘草图,"拉伸终止"条件选择成形到一面,单击空心圆柱的左端面,如图 3-29(d)所示。
(4) 在底板上表面绘制圆形草图,拉伸-切除,完全贯穿底板,如图 3-29(e)所示。
(5) 单击"确定"按钮,建模完成,如图 3-29(f)所示。

视频
例3-6

3.3.3 使用草图轮廓创建组合体模型

例 3-7 使用草图轮廓特征创建如图 3-30(a)所示的组合体模型。

(1) 在右视基准面绘制草图,如图 3-30(b)所示。
(2) 单击"拉伸"按钮:在"凸台-拉伸"属性框中,"所选轮廓"框中,在绘图区选择图 3-30(c)中的轮廓,拉伸深度设为 10 mm,单击"确定"按钮生成特征,如图 3-30(c)所示。

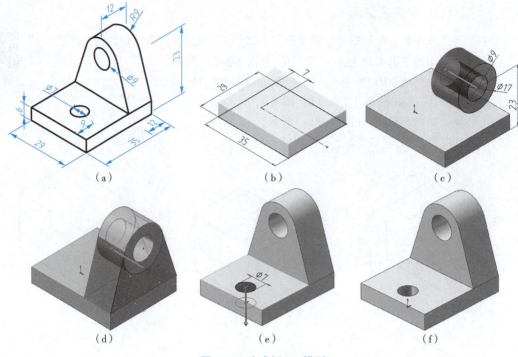

图 3-29　生成例 3-6 模型

视　频

例3-7

(3)在"特征"属性中单击"凸台-拉伸2"左侧的三角按钮,打开草图。单击草图,在绘图区将草图轮廓打开,如图 3-30(d)所示。

(4)单击"拉伸"按钮:在"凸台-拉伸"属性框中的"所选轮廓"框中,在绘图区选择图 3-30(e)中的轮廓,拉伸深度设为 32 mm,单击"确定"按钮生成的特征,如图 3-30(e)所示。

(5)单击"拉伸"按钮:在"凸台-拉伸"属性框的"所选轮廓"框中,在绘图区选择图 3-30(f)中的轮廓,拉伸深度设为 20 mm,单击"确定"按钮生成特征,如图 3-30(f)所示。

(6)单击确定按钮,建模完成,如图 3-30(g)所示。

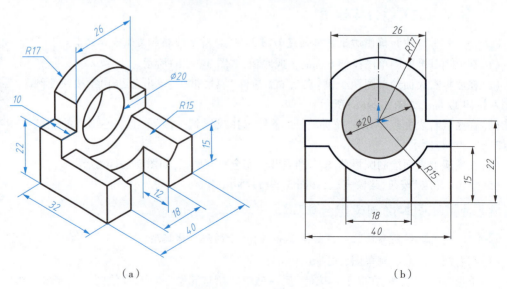

图 3-30　生成例 3-7 模型

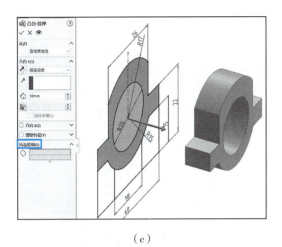
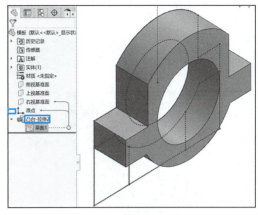

(c)　　　　　　　　　　　　　　　(d)

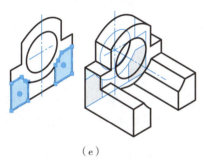  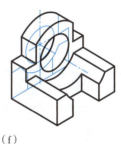 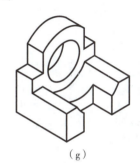

(e)　　　　　　　(f)　　　　　　　(g)

图 3-30　生成例 3-7 模型(续)

3.3.4　组合体建模实例

例 3-8　创建如图 3-31(a)所示的组合体模型。

(1)在右视基准面绘制草图,如图 3-31(b)所示。

(2)单击"拉伸"按钮,终止条件选择"两侧对称"在"深度"框中输入 36,单击"确定"按钮,生成实体,如图 3-31(c)所示。

(3)选择实体左端面为草图平面,绘制草图,如图 3-31(d)所示。

(4)单击"拉伸切除"按钮:终止条件选择完全贯穿,单击"确定"按钮完成组合体模型创建,如图 3-31(d)所示。

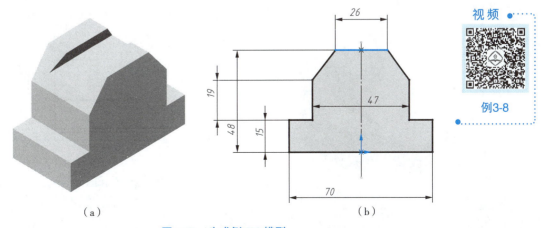

(a)　　　　　　　　　　　　　　　(b)

图 3-31　生成例 3-8 模型

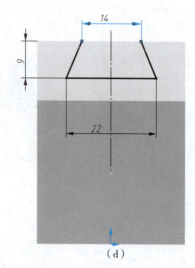

(c) (d)

图 3-31 生成例 3-8 模型(续)

视频

例3-9

例 3-9 创建如图 3-32(a)所示的组合体模型。

(1)在右视基准面绘制草图,如图 3-32(b)所示。

(2)单击"拉伸"按钮,终止条件选择"两侧对称",在"深度"文本框中输入 58,"所选轮廓"中选择图 3-32(c)中的两个轮廓,单击"确定"按钮,生成"凸台-拉伸 1",如图 3-32(c)所示。

(3)在"特征"属性中单击第(2)步中生成的"凸台-拉伸 1"左侧的三角,打开草图。单击草图,在绘图区将草图轮廓打开,如图 3-32(d)所示。

(4)单击"拉伸-切除"按钮:开始条件选择从"曲面/面/基准面"开始面为"凸台-拉伸 1"的前端面。终止条件选择"给定深度","深度"文本框中输入 17,"所选轮廓"中选择图 3-32(d)中的轮廓,单击"确定"按钮,生成"切除-拉伸 1",如图 3-32(d)所示。

(5)在"特征"工具栏上单击"线性阵列"下拉按钮,选择"镜向"命令。在"镜向面"框中,选择"右视基准面";在"要镜向的特征"框中选择"切除-拉伸 1"单击"确定"按钮,如图 3-32(e)所示。

(6)选择"凸台-拉伸 1"上端面为草图平面,绘制一条斜线作为草图,单击"拉伸-切除"按钮,终止条件选择"完全贯穿",如图 3-32(f)所示。

(7)单击"确定"按钮,完成组合体模型创建,如图 3-32(a)所示。

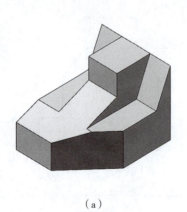
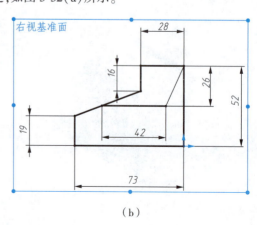

(a) (b)

图 3-32 生成例 3-9 模型

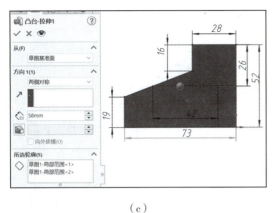

(c)

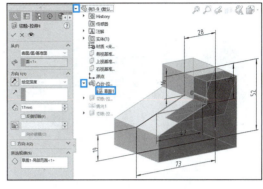

(d)

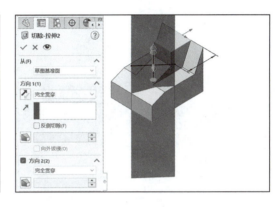

(e)　　　　　　　　　　　　　　　　(f)

图 3-32　生成例 3-9 模型（续）

例 3-10　创建如图 3-33(a)所示的组合体模型。

(1) 在右视基准面绘制草图 1，如图 3-33(b)所示。

(2) 单击"拉伸"按钮，终止条件选择"两侧对称"，在"深度"文本框中输入 42，"所选轮廓"中选择图 3-33(c)中的轮廓，单击"确定"按钮，生成"凸台-拉伸 1"，如图 3-33(c)所示。

(3) 在"特征"属性中单击第(2)步中生成的"凸台-拉伸 1"左侧的三角，打开草图 1。单击草图 1，在绘图区将草图 1 的轮廓打开，如图 3-33(d)所示。

视频

例3-10

(4) 单击"拉伸"按钮，终止条件选择"两侧对称"在"深度"文本框中输入 32，"所选轮廓"中选择图 3-33(d)中的轮廓，单击"确定"按钮，生成"凸台-拉伸 2"，如图 3-33(d)所示。

(5) 再次打开草图 1，单击"拉伸"按钮，终止条件选择"两侧对称"在"深度"文本框中输入 8，"所选轮廓"中选择图 3-33(e)中的轮廓，单击"确定"按钮，生成"凸台-拉伸 3"，如图 3-33(e)所示。

(6) 在前视基准面绘制草图 3，如图 3-33(f)所示。

(7) 单击"拉伸"按钮，终止条件选择"给定深度"，在"深度"文本框中输入 23，"所选轮廓"中选择图 3-33(f)中直径为 ⌀16 的大圆轮廓，单击"确定"按钮，生成"凸台-拉伸 4"，如图 3-33(g)所示。

(8) 单击"拉伸-切除"按钮，终止条件选择"完全贯穿"，"所选轮廓"中选择图 3-33(f)中直径为 ⌀8 的小圆轮廓，单击"确定"按钮，生成"切除-拉伸 1"，如图 3-33(h)所示。

(9) 选择"凸台-拉伸 1"上端面为草图平面，绘制两圆作为草图，单击"拉伸-切除"按钮，终止条件选择"完全贯穿"，结果如图 3-33(i)所示。

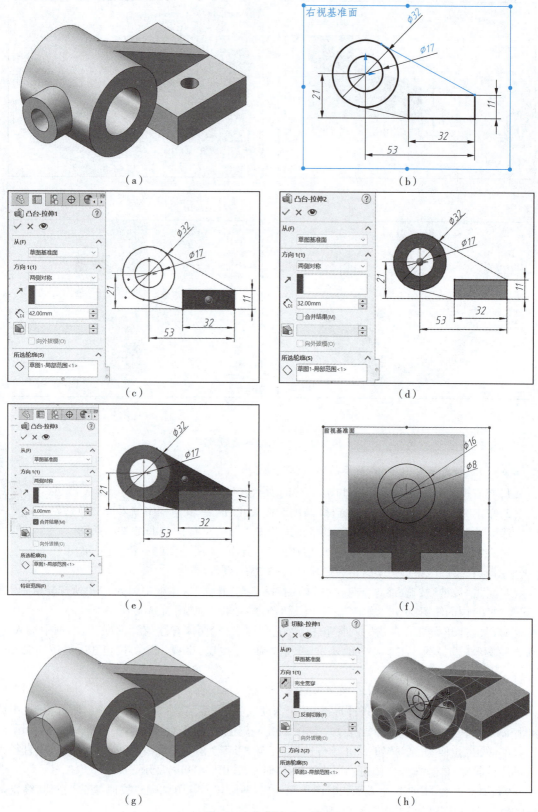

图 3-33　生成例 3-10 模型

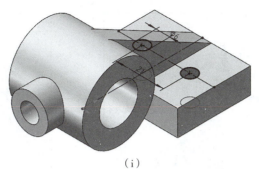

(i)

图 3-33　生成例 3-10 模型(续)

3.4　常见零件结构建模

零件建模在满足零件的功能要求的同时，要有必要的工艺结构。建模时应考虑到零件结构的特殊性，按照加工工艺过程进行，便于零件的制造、修改、检验及测量。以下利用 SolidWorks 进行零件的建模。

1. 拔模

在"拉伸凸台/基体""拉伸切除"等特征中均有"拔模开/关"，单击"拔模开/关"按钮即可输入拔模角度，并有方向选项，如图 3-34 所示。图 3-34(a)所示为拉伸时，拔模方向为默认状态(向内)的情况；图 3-34(b)所示为拉伸切除时，拔模方向为"向外拔模"时的情况。

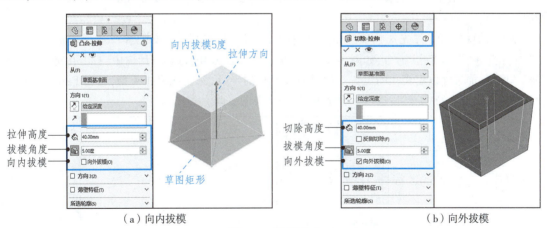

（a）向内拔模　　　　　　　　　　　　（b）向外拔模

图 3-34　拔模斜度

2. 圆角

单击"特征"工具栏中的圆角按钮 或选择菜单栏中的"插入"→"特征"→"圆角"命令。

在生成圆角时，通常遵循以下规则：在添加小圆角之前添加较大圆角；当有多个圆角汇聚于一个顶点时，先生成较大的圆角；在生成圆角前先添加拔模；如果要加快零件重建的速度，使用一个圆角命令来处理需要相同半径圆角的多条边线，当改变圆角的半径时，在同一操作中生成的所有圆角都会改变。图 3-35 所示为在图形区域选择边线或面进行圆角处理的不同情况。

3. 倒角

单击"特征"工具栏上的倒角按钮 或选择菜单栏中的"插入"→"特征"→"倒角"命令。

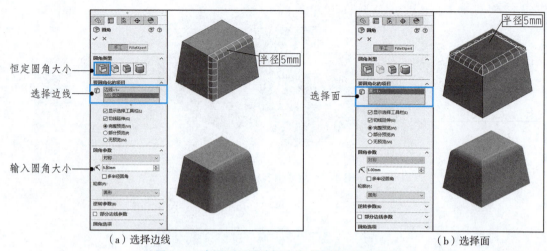

（a）选择边线　　　　　　　　　　　　　　（b）选择面

图 3-35　在图形区域选择边线或面进行圆角处理

常使用的倒角命令可从 PropertyManager 设计树窗口选择，如距离-距离、角度距离或顶点等方式。图 3-36（a）所示为对边线倒角常用的距离角度倒角，图 3-36（b）所示为距离的对称和非对称两种形式。

图 3-37 所示为对顶点的倒角操作，可分别输入不同的距离；当距离相等时，可选中相等距离选项来简化。

4. 孔

功能区"特征"选项卡提供了"直孔"和"异形孔"两个孔的命令按钮，如图 3-38（a）所示。一般在设计阶段将近结束时生成孔，这样可以避免因疏忽而将材料添加到现有的孔内。此外，如果准备生成不需要其他参数的直孔，建议使用简单直孔方式。当需要生成带有多个参数的异形孔时，再选择向导。

欲插入简单直孔，首先选择要生成孔的平面，单击"简单直孔"按钮或选择"插入"→"特征"→"孔"→"简单直孔"命令，如图 3-38（b）所示。在 FeatureManager 设计树中，右击孔特征并选择编辑草图，添加尺寸以定义孔的位置。如果要改变孔的半径、深度或终止类型，可在 FeatureManager 设计树中右击此孔特征，然后选取编辑定义，进行必要的更改。

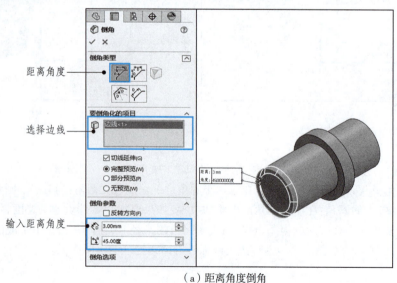

（a）距离角度倒角

图 3-36　对边线倒角

第3章 立体的计算机三维建模 59

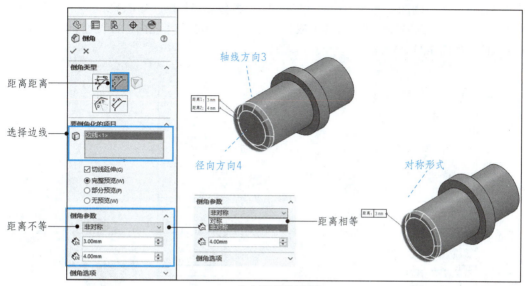

(b) 距离距离倒角

图 3-36 对边线倒角（续）

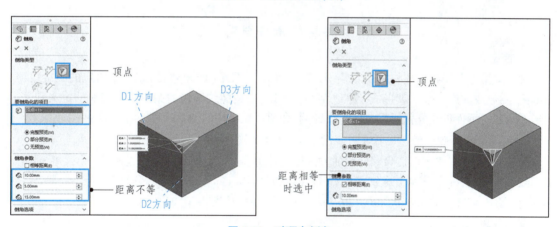

图 3-37 对顶点倒角

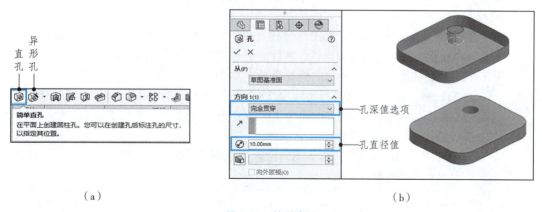

图 3-38 简单直孔

欲插入异形孔时，单击"特征"工具栏上的"异形孔向导"按钮或者选择"插入"→"特征"→"孔"→"向导"命令，在弹出的孔类型选项卡中包含下列孔类型：柱形沉头孔、锥形沉头孔、孔、直螺纹孔、锥形螺纹孔及旧制孔。单击其中的柱形沉头孔,参数设置如图3-39(a)所示。单击"位置"选项卡,在模型上选择打孔平面,即可自动生成相应孔特征。锥形沉头孔的参数设置如图3-39(b)所示。生成的孔如图3-39(c)所示。

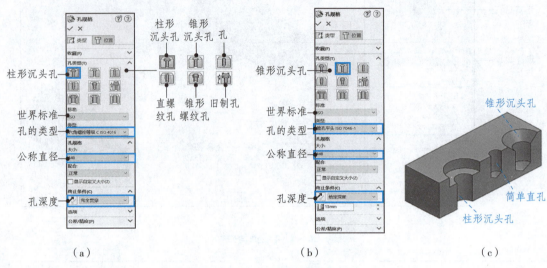

图 3-39 异形孔向导

5. 螺纹

螺纹建模需利用扫描或扫描切除特征。当一个平面图形(即牙型)沿着一条给定的螺旋线(给定螺距、圈数或高度)运动,就形成了螺纹结构。所以,创建螺纹结构的关键是螺旋线的定义和平面图形的绘制。下面以建立普通粗牙外螺纹为例,介绍螺纹结构的创建过程。

例3-11 建立M24的普通粗牙外螺纹结构,螺纹长度为40 mm。

分析:采用在圆柱表面切除螺旋线的方法建立外螺纹,因此,螺纹大径就是圆柱直径。根据给定的螺纹参数M24,确定未加工螺纹前圆柱的直径为$d=24$ mm。查表得知螺纹其他参数:螺距$P=3$ mm,中径$d_2=22.051$ mm,小径$d_1=20.752$ mm,牙形结构如图3-40(a)所示。

建模步骤:

(1)建立直径为24 mm的圆柱体。在前视面上建立直径为24 mm的圆,并拉伸建立圆柱体,如图3-40(b)所示。

(2)建立螺旋线。圆柱体的端面,绘制与圆柱直径相等的圆。选择菜单栏中的"插入"→"曲线"→"螺旋线"命令,插入螺旋线。螺旋线的参数定义如图3-40(c)所示,其中顺时针代表右旋,得到如图3-40(d)所示的螺旋线。

(3)绘制牙形草图。在与螺旋线起点垂直的平面上绘制牙形草图,由于螺旋线的起始角度已经定义为0°,因此,上视面即为牙形草图平面。牙形草图如图3-40(e)所示,添加草图端点与螺旋线的"穿透"关系。

(4)建立扫描切除特征。以草图为轮廓,以螺旋线为路径,建立扫描切除特征,得到如图3-40(f)所示的外螺纹。

6. 键槽

下面以轴上的普通平键键槽为例,说明键槽的建模过程。

例3-12 建立在轴径为20 mm的轴段正中有普通平键键槽的结构,键槽长14 mm、宽6 mm、深3.5 mm。

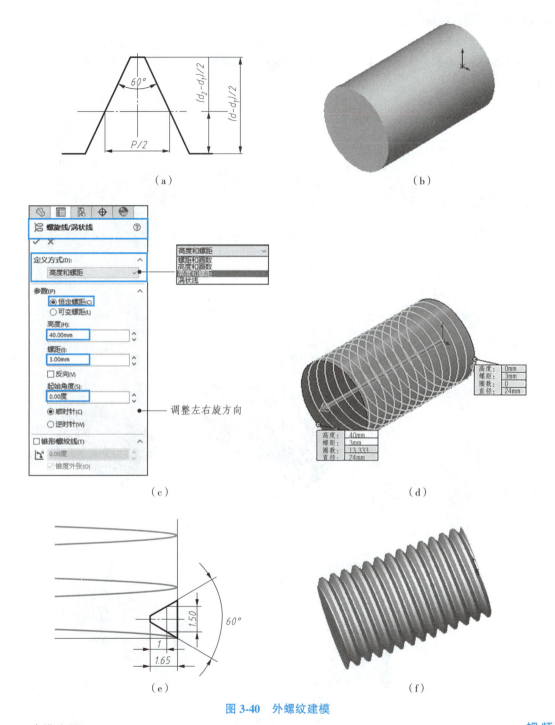

图 3-40 外螺纹建模

建模步骤：

（1）建立轴段模型。在前视面上建立直径为 20 mm 的圆，选择"两侧对称"拉伸方式，并在轴端倒角，如图 3-41（a）所示。

（2）建立基准面。为保证键槽深度，建立与上视面平行且距离为轴半径 10 mm 的基准面。选择菜单栏中的"插入"→"参考几何体"→"基准面"命令，或单击"基准面"按钮，在打开的窗口中输入参数，如图 3-41（b）所示。参数选项也可按如图 3-41（c）所示设置，与

例3-12

上视面平行与圆柱面相切,最后生成图 3-41(d)所示的基准面。

(3)建立键槽草图。在所建立的基准面上,绘制完全定义的键槽草图,如图 3-41(e)所示。

(4)切除键槽结构。选择"拉伸切除"方式,给定深度为键槽深度 3.5 mm,如图 3-41(f)所示,完成键槽建模。

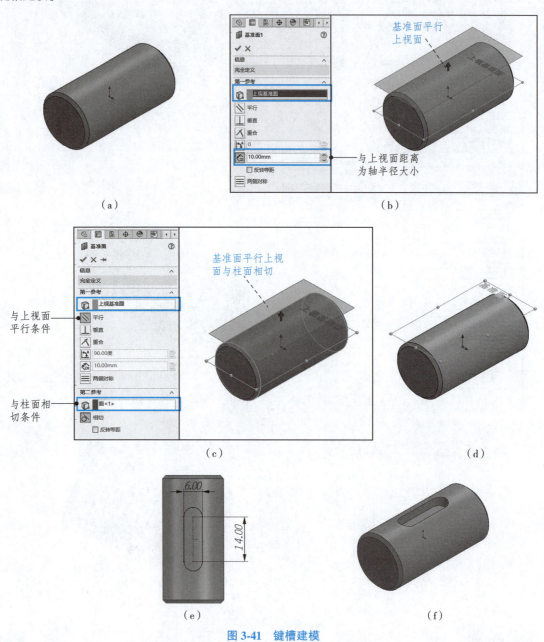

图 3-41 键槽建模

第4章

典型结构特征建模实例

在SolidWorks中,特征是指具有特定形状和尺寸的几何元素,如圆柱、圆锥、立方体等。特征建模就是将这些基本的几何特征组合起来,形成复杂的三维模型。SolidWorks提供了丰富的特征工具,包括拉伸、旋转、扫描、放样等,用户可以根据需要选择合适的工具进行建模。本章介绍了几个常用的特征建模命令。通过掌握特征建模的基本概念和主要步骤,用户可以更好地利用SolidWorks进行设计和分析工作。

4.1 切割结构形体建模

例4-1 创建如图4-1(a)所示的模型。

(1)在右视基准面使用"直线"命令绘制草图,如图4-1(b)所示。

(2)单击"拉伸"按钮,在"凸台-拉伸"属性管理器中,终止条件选择"两侧对称",拉伸深度设为46 mm,单击"确定"按钮生成"凸台-拉伸1",如图4-1(c)所示。

(3)在"凸台-拉伸1"左端面绘制草图,如图4-1(d)所示。

(4)单击"拉伸切除"按钮:在"切除-拉伸"属性管理器中,终止条件选择"完全贯穿",单击"确定"按钮生成"切除-拉伸1"如图4-1(e)所示。

(5)在"凸台-拉伸1"底板的下端面绘制草图,如图4-1(f)所示。

(6)单击"拉伸切除"按钮:在"切除-拉伸"属性管理器中,终止条件选择"完全贯穿",单击"确定"按钮生成建模,如图4-1(g)所示。

视频
例4-1

例4-2 创建如图4-2(a)所示的模型。

(1)在前视基准面上,使用"直线"命令绘制草图,如图4-2(b)所示。

(2)单击"拉伸"按钮,在"凸台-拉伸"属性管理器中,终止条件选择"给定深度",拉伸深度设置为89 mm,单击"确定"按钮生成"凸台-拉伸1",如图4-2(c)所示。

(3)在"凸台-拉伸1"前端面绘制草图,如图4-2(d)所示。

(4)单击"拉伸切除"按钮,在"切除-拉伸"属性管理器中,终止条件选择"完全贯穿",单击"确定"按钮生成"切除-拉伸1",如图4-2(e)所示。

(5)在"凸台-拉伸1"的下端面绘制草图,如图4-2(f)所示。

视频
例4-2

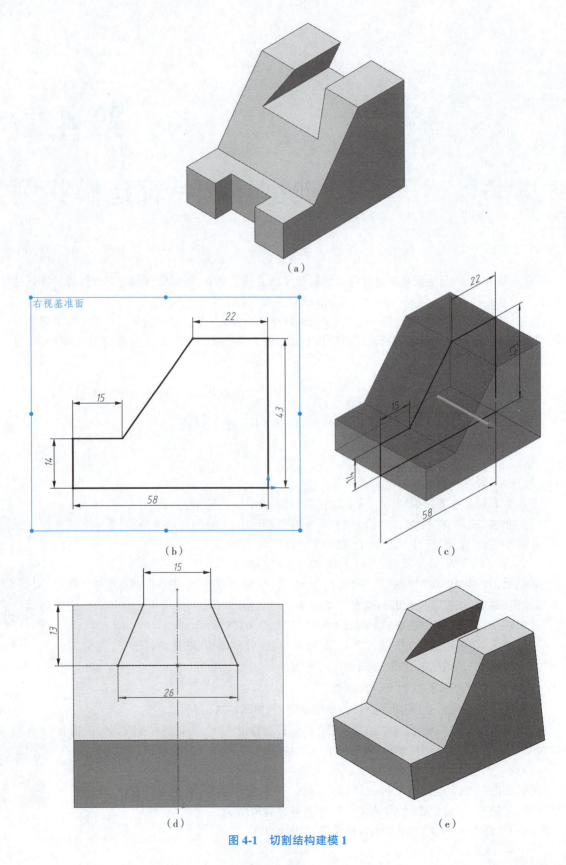

图 4-1 切割结构建模 1

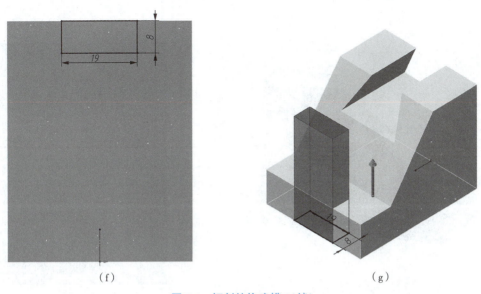

图 4-1 切割结构建模 1(续)

(6)单击"拉伸切除"按钮,在"切除-拉伸"属性管理器中,终止条件选择"完全贯穿",单击"确定"按钮生成建模,见图 4-2(a)。

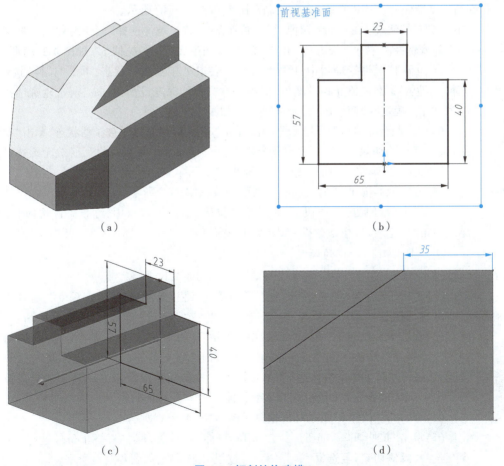

图 4-2 切割结构建模 2

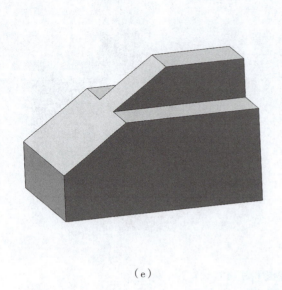
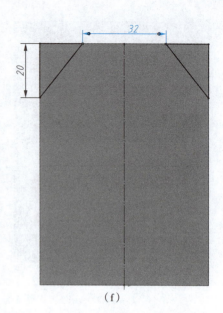

(e)　　　　　　　　　　　　　　　　　(f)

图 4-2　切割结构建模 2(续)

例4-3　创建如图 4-3(a)所示的模型。

（1）在前视基准面上，使用"直线"命令绘制草图 1，如图 4-3(b)所示。

（2）单击"拉伸"按钮，在"凸台-拉伸"属性管理器中，终止条件选择"两侧对称"，拉伸深度设为 80 mm，所选轮廓选择图中下方长方形，单击"确定"按钮生成"凸台-拉伸 1"，如图 4-3(c)所示。

（3）在"凸台-拉伸 1"属性管理器中，单击"草图 1"使其处于被激活状态，单击"拉伸"按钮，在"凸台-拉伸"属性管理器中，终止条件选择"两侧对称"，拉伸深度设为 40 mm，所选轮廓选择图中轮廓，单击"确定"按钮生成"凸台-拉伸 2"，如图 4-3(d)所示。

（4）在"凸台-拉伸 1"属性管理器中，单击"草图 1"使其处于被激活状态，单击"拉伸切除"按钮，在"切除-拉伸"属性管理器中，终止条件选择"两侧对称"，所选轮廓选择图中两个轮廓，单击"确定"按钮生成"切除-拉伸 1"如图 4-3(e)所示。

（5）在"凸台-拉伸 2"的上端面绘制草图，如图 4-3(f)所示。

（6）单击"拉伸切除"按钮，在"切除-拉伸"属性管理器中，终止条件选择"完全贯穿"，单击"确定"按钮生成建模，如图 4-3(g)所示。

例4-4　创建如图 4-4(a)所示的模型。

（1）在前视基准面上，使用"直线"命令绘制草图 1，如图 4-4(b)所示。

（2）单击"拉伸"按钮，在"凸台-拉伸"属性管理器中，终止条件选择"给定深度"，拉伸深度设为 68 mm，所选轮廓选择图中两个轮廓，单击"确定"按钮生成"凸台-拉伸 1"，如图 4-4(c)所示。

（3）在"凸台-拉伸 1"属性管理器中，单击"草图 1"使其处于被激活状态，单击"拉伸"按钮，在"凸台-拉伸"属性管理器中，方向 1 终止条件选择"给定深度"，拉伸深度设为 12 mm，方向 2 终止条件选择"给定深度"，拉伸深度设为 51 mm，所选轮廓选择图中两个轮廓，单击"确定"按钮生成"凸台-拉伸 2"，如图 4-4(d)所示。

（4）在"凸台-拉伸 2"的前端面绘制草图，如图 4-4(e)所示。

（5）单击"拉伸切除"按钮，在"切除-拉伸"属性管理器中，终止条件选择"完全贯穿"，选中"反侧切除"复选框，单击"确定"按钮生成建模，如图 4-4(f)所示。

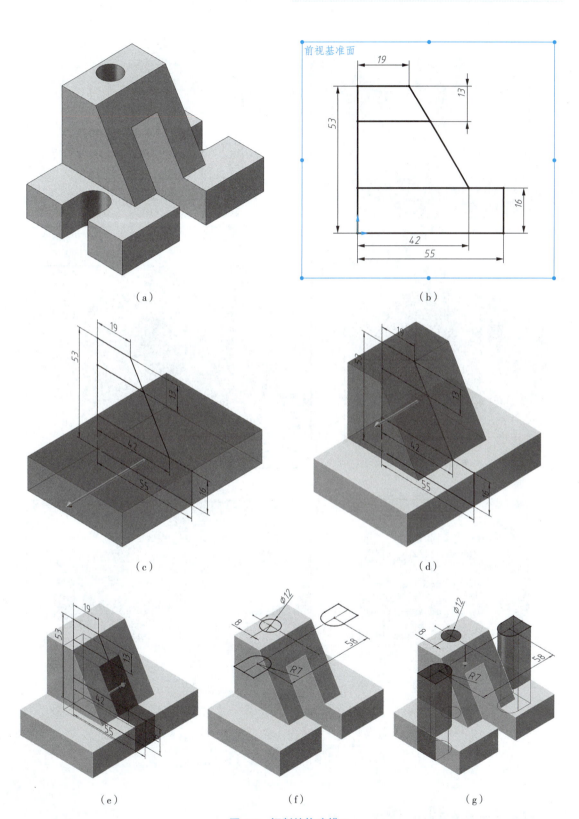

图 4-3 切割结构建模 3

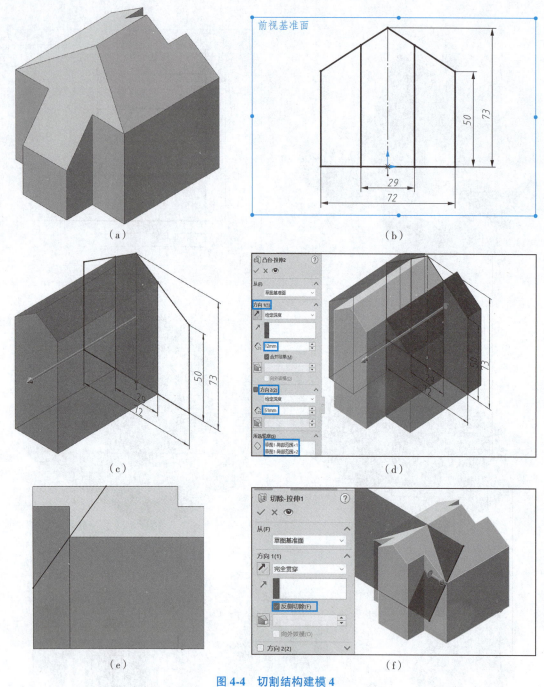

图 4-4 切割结构建模 4

4.2 旋转结构形体建模

例4-5 创建如图 4-5(a)所示的模型。

(1)在左侧的 FeatureManager 设计树中选择"前视基准面"绘制草图。单击"草图"工具栏中的

"中心线"按钮,绘制一条通过原点的竖直中心线;单击"草图"工具栏中的"直线"按钮、"圆心/起/终点画弧"按钮和"绘制圆角"按钮,绘制酒杯的轮廓"草图1",单击"草图"工具栏中的"智能尺寸"按钮,标注"草图1"的尺寸,如图4-5(b)所示。

(2)单击"特征"工具栏中的"旋转"按钮,此时系统弹出"旋转"属性管理器,按照图示设置,然后单击属性管理器中的"确定"按钮,生成酒杯外形,如图4-5(c)所示。

(3)在左侧的 FeatureManager 设计树中选择"前视基准面",然后单击"标准视图"工具栏中的"正视于"按钮,将该表面作为绘制图形的基准面,单击"草图"工具栏中的"等距实体"按钮,绘制与酒杯圆弧边线相距1 mm 的轮廓线,单击"直线"按钮及"中心线"按钮,绘制草图,延长并封闭草图轮廓,如图4-5(d)所示。

(4)单击"特征"工具栏中的"旋转切除"按钮,在图形区域选择通过坐标原点的竖直中心线作为旋转的中心轴,单击"确定"按钮,生成旋转切除后的酒杯,见图4-5(a)。

视频
例4-5

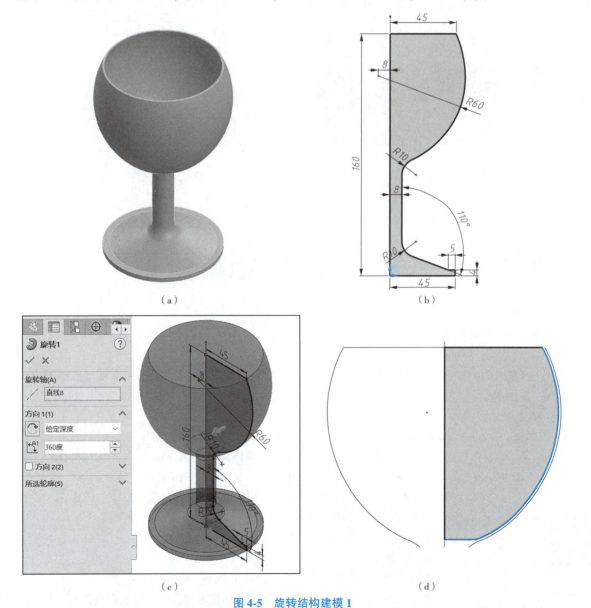

图 4-5 旋转结构建模 1

例4-6 创建如图 4-6(a)所示的模型。

(1)在 FeatureManager 设计树中选择"前视基准面"绘制草图。单击"草图"工具栏中的"中心线"按钮，绘制一条通过原点的竖直中心线；单击"草图"工具栏中的"直线"按钮 和"绘制圆角"按钮，绘制饮水桶的轮廓"草图1"，单击"草图"工具栏中的"智能尺寸"按钮，标注"草图1"的尺寸，如图4-6(b)所示。

(2)单击"特征"工具条中的"旋转"按钮，此时系统弹出"旋转"属性管理器，按照图示设置，然后单击属性管理器中的"确定"按钮，生成饮水桶模型，如图4-6(a)所示。

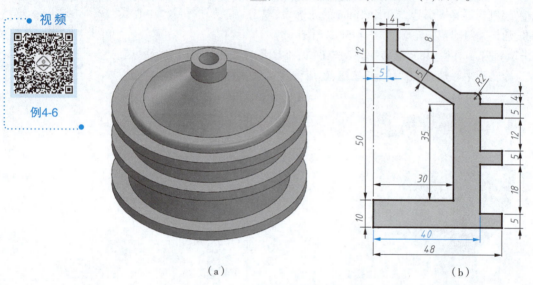

（a） （b）

图 4-6 旋转结构建模 2

4.3 综合结构形体建模

例4-7 创建如图 4-7(a)所示的模型。

(1)在上视基准面绘制草图1,如图 4-7(b)所示。

(2)单击"拉伸"按钮，在"凸台-拉伸"属性管理器中，终止条件选择"给定深度"，拉伸深度设为 62 mm,所选轮廓选择图中 Φ42 和 Φ69 之间的环形轮廓，单击"确定"按钮生成"凸台-拉伸 1",如图 4-7(c)所示。

(3)在 FeatureManager 设计树中，单击"草图 1"使其处于被激活状态，单击"拉伸"按钮，在"凸台-拉伸"属性管理器中，终止条件选择"给定深度"，拉伸深度是 25 mm,所选轮廓选择图中 R20 右侧和 Φ69 左侧之间的轮廓，单击"确定"按钮生成"凸台-拉伸 2",如图 4-7(d)所示。

(4)在 FeatureManager 设计树中，单击"草图 1"使其处于被激活状态，单击"拉伸"按钮，在"凸台-拉伸"属性管理器中，终止条件选择"给定深度"，拉伸深度设为 14 mm,所选轮廓选择图中 R20 左侧、R17 右侧和 Φ18 之间的环形轮廓，单击"确定"按钮生成"凸台-拉伸 3",如图 4-7(e)所示。

(5)在"右侧基准面"上绘制草图 2,如图 4-7(f)所示。

(6)单击"拉伸切除"按钮，在"切除-拉伸"属性管理器中，终止条件选择"完全贯穿",所选轮廓选择图中"U 形"单击"确定"按钮生成"切除-拉伸 1",如图 4-7(g)所示。

(7)在 FeatureManager 设计树中,单击"草图 2"使其处于被激活状态,单击"拉伸切除"按钮,在"切除-拉伸"属性管理器中,终止条件选择"完全贯穿",在"方向 1"下面单击"方向"按钮。所选轮廓选择图中"Φ10 圆形"单击"确定"按钮生"切除-拉伸 2",完成建模,如图 4-7(h)所示。

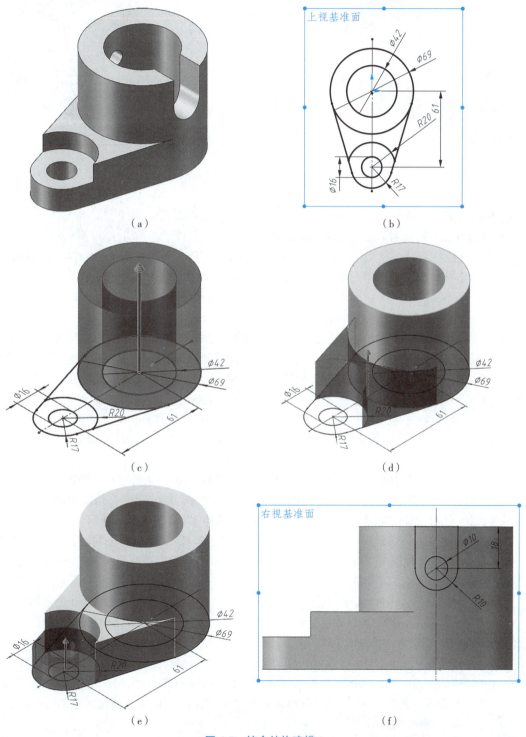

图 4-7 综合结构建模 1

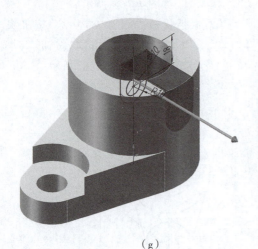
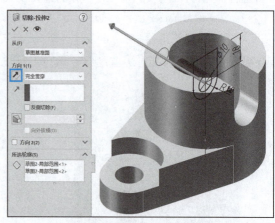

(g)　　　　　　　　　　　　　　　(h)

图 4-7　综合结构建模 1(续)

例 4-8　创建如图 4-8(a)所示的模型。

(1)在右视基准面绘制草图 1,如图 4-8(b)所示。

(2)单击"拉伸"按钮，在"凸台-拉伸"属性管理器中,终止条件选择"两侧对称",拉伸深度设为 52 mm,所选轮廓选择图中"两个半圆",单击"确定"按钮生成"凸台-拉伸 1",如图 4-8(c)所示。

(3)在"上视基准面"中,绘制"草图 2",如图 4-8(d)所示。

(4)在 FeatureManager 设计树中,单击"草图 2"使其处于被激活状态,单击拉伸"按钮，在"凸台-拉伸"属性管理器中,终止条件选择"给定深度",拉伸深度设为 16 mm,所选轮廓选择图中"草图 2 封闭与两个 Φ11 圆之间的轮廓",单击"确定"按钮生成"凸台-拉伸 2"如图 4-8(e)所示。

(5)在 FeatureManager 设计树中,单击"草图 2"使其处于被激活状态,单击拉伸"按钮，在"凸台-拉伸"属性管理器中,终止条件选择"给定深度",拉伸深度设为 55 mm,为了方便完成拉伸-切除建模,所选轮廓选择图中"Φ12、Φ25、Φ37 的圆",选中"合并结果"复选框,单击"确定"按钮生成"凸台-拉伸 3",如图 4-8(f)所示。

(6)单击"拉伸切除"按钮，在"切除-拉伸"属性管理器中,开始条件选择"曲面/面/基准面",单击"凸台-拉伸 3"的面 1,表示从面 1 开始切除。终止条件选择"给定深度",切除深度设为 9 mm,所选轮廓选择图中"轮廓 1"单击"确定"按钮生成"切除-拉伸 1",如图 4-8(g)所示。

(7)在 FeatureManager 设计树中,单击"草图 2"使其处于被激活状态,单击"拉伸切除"按钮，在"切除-拉伸"属性管理器中,终止条件选择"完全贯穿",在所选轮廓选择图中"Φ12 圆形"单击"确定"按钮生成"切除-拉伸 2",如图 4-8(h)所示。

(8)在 FeatureManager 设计树中,单击"草图 1"使其处于被激活状态,单击"拉伸切除"按钮，在"切除-拉伸"属性管理器中,方向 1 和方向 2 的终止条件都选择"完全贯穿",在所选轮廓选择图中 R41 的封闭半圆单击"确定"按钮生成"切除-拉伸 3",如图 4-8(i)所示。

(9)在 FeatureManager 设计树中,单击"草图 2"使其处于被激活状态,单击"拉伸切除"按钮，在"切除-拉伸"属性管理器中,终止条件都选择"给定深度",切除深度设为 9 mm,在所选轮廓选择图中 Φ130 圆弧和宽度 19 长方形围成的封闭轮廓单击"确定"按钮"切除-拉伸 4",完成建模,如图 4-8(j)所示。

● 视　频 ●

例4-8

第4章 典型结构特征建模实例 73

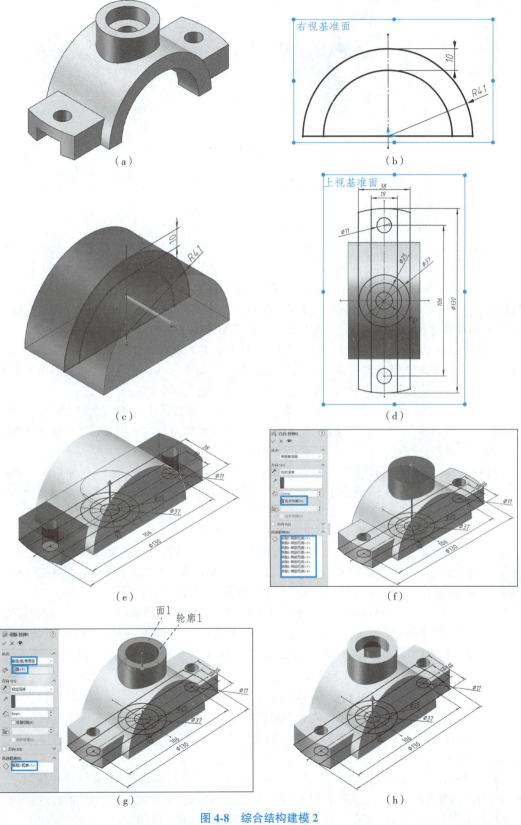

图 4-8 综合结构建模 2

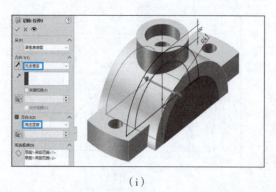
（i）

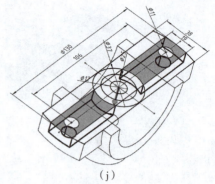
（j）

图 4-8　综合结构建模 2(续)

例 4-9　创建如图 4-9(a)所示的模型。

(1) 在上视基准面绘制草图 1,如图 4-9(b)所示。

(2) 单击"拉伸"按钮：在"凸台-拉伸"属性管理器中,终止条件选择"给定深度",拉伸深度设为 26 mm,所选轮廓选择草图 1 中"四周边框",单击"确定"按钮生成"凸台-拉伸 1",如图 4-9(c)所示。

(3) 在 FeatureManager 设计树中,单击"草图 1"使其处于被激活状态,单击"拉伸"按钮，在"凸台-拉伸"属性管理器中,终止条件选择"给定深度",拉伸深度设为 14 mm,所选轮廓选择图中内侧长方形和 Φ51 之间的轮廓,单击"确定"按钮生成"凸台-拉伸 2",如图 4-9(d)所示。

(4) 在 FeatureManager 设计树中,单击"草图 1"使其处于被激活状态,单击拉伸"按钮，在"凸台-拉伸"属性管理器中,终止条件选择"给定深度",拉伸深度设为 19 mm,所选轮廓选择图中长度为 18 mm 的前后两个长方形,单击"确定"按钮生成"凸台-拉伸 3"如图 4-9(e)所示。

(5) 在 FeatureManager 设计树中,单击"草图 1"使其处于被激活状态,单击拉伸"按钮，在"凸台-拉伸"属性管理器中,终止条件选择"给定深度",拉伸深度设为 61 mm,所选轮廓选择图中 Φ25 和 Φ51 圆之间的环形,单击"确定"按钮生成"凸台-拉伸 4",如图 4-9(f)所示。

(6) 在 FeatureManager 设计树中,单击"草图 1"使其处于被激活状态,单击"拉伸切除"按钮，在"切除-拉伸"属性管理器中,终止条件选择"给定深度",切除深度设为 8 mm,所选轮廓选择图中宽度 55 的长方形包围的所有轮廓,单击"确定"按钮生成"切除-拉伸 1",如图 4-9(g)所示。

(7) 在右视基准面上绘制草图 2,如图 4-9(h)所示。

(8) 在 FeatureManager 设计树中,单击"草图 2"使其处于被激活状态,单击"拉伸切除"按钮，在"切除-拉伸"属性管理器中,终止条件都选择"完全贯穿",在所选轮廓选择图中的"圆"单击"确定"按钮,生成"切除-拉伸 2",如图 4-9(i)所示。

例4-9

(9) 在 FeatureManager 设计树中,单击"草图 2"使其处于被激活状态,单击"拉伸切除"按钮，在"切除-拉伸"属性管理器中,终止条件都选择"完全贯穿",在所选轮廓选择图中的"正方形",单击"反向"按钮，单击"确定"按钮生"切除-拉伸 3",完成建模,如图 4-9(j)所示。

例 4-10　创建如图 4-10(a)所示的模型。

(1) 在上视基准面绘制草图 1,如图 4-10(b)所示。

(2) 单击"拉伸"按钮，在"凸台-拉伸"属性管理器中,终止条件选择"给定深度",拉伸深度设为 43 mm,所选轮廓选择草图 1 中 Φ20 和 Φ33 圆之间的环形,单击"确定"按钮生成"凸台-拉伸 1",如图 4-10(c)所示。

(3) 在 FeatureManager 设计树中,单击"草图 1"使其处于被激活状态,单击"拉伸"按钮，在"凸台-拉伸"属性管理器中,终止条件选择"给定深度",拉伸深度设为 22 mm,所选轮廓选择图中 R6 和 R12 之间环形轮廓,单击"确定"按钮生成"凸台-拉伸 2",如图 4-10(d)所示。

第4章 典型结构特征建模实例 75

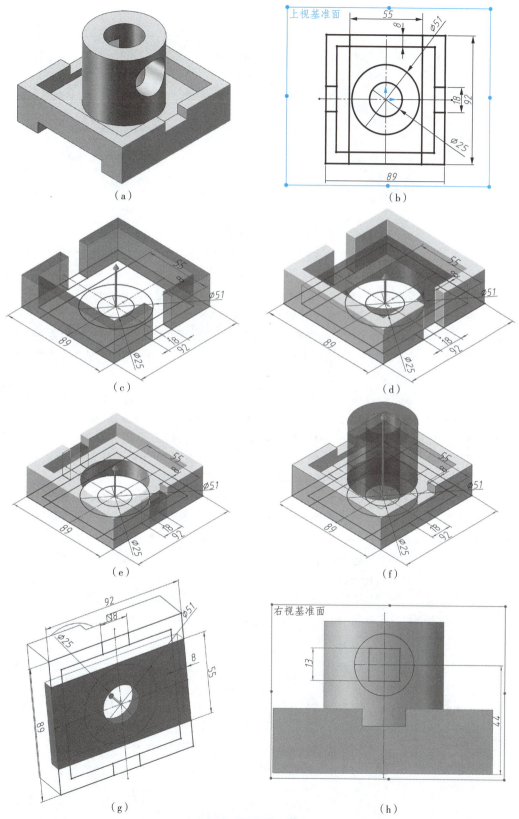

图 4-9 综合结构建模 3

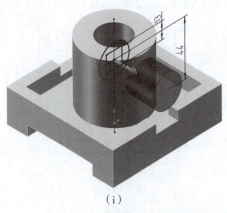
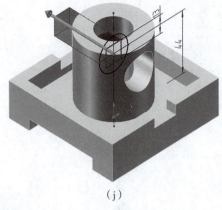

(i) (j)

图 4-9 综合结构建模 3(续)

(4)在 FeatureManager 设计树中,单击"草图 1"使其处于被激活状态,单击"拉伸"按钮,在"凸台-拉伸"属性管理器中,终止条件选择"给定深度",拉伸深度设为 7 mm,所选轮廓选择图中 R12 右侧和 Φ33 圆左侧之间轮廓,单击"确定"按钮生成"凸台-拉伸 3"如图 4-10(e)所示。

(5)在右视基准面上,绘制草图 2,如图 4-10(f)所示。

(6)在 FeatureManager 设计树中,单击"草图 2"使其处于被激活状态,单击"筋"按钮,在"筋"属性管理器中,厚度条件选择"居中"方式,厚度设为 7 mm,单击"确定"按钮生成"筋 1",如图 4-10(g)所示。

(7)创建基准面 1,选择"视图"→"隐藏/显示"→"临时轴"命令,将图中的轴线打开。单击"参考几何体"工具栏中的基准面按钮。在"基本面"属性对话框中,"第一参考"中选择"基准轴 1","基准轴 1"就是""凸台-拉伸 1"中的临时轴。"第二参考"中选择"右视基准面",角度输入 60 度。选中"反转等距"复选框,单击"确定"按钮,完成"基准面 1"的创建,如图 4-10(h)所示。

(8)在基本面 1 上绘制"草图 3",如图 4-10(i)所示。

视频
例4-10

(9)在 FeatureManager 设计树中,单击"草图 3"使其处于被激活状态,单击"拉伸"按钮,在"凸台-拉伸"属性管理器中,开始条件选择"等距",等距值输入 24 mm,表示从距离"基准面 1"为 24 mm 的平面开始拉伸。终止条件都选择"形成到一面",这一面选择图中的"面 1",单击"确定"按钮生成"切除-拉伸 4",完成建模,如图 4-10(j)所示。

(10)在 FeatureManager 设计树中,单击"草图 3"使其处于被激活状态,单击"拉伸切除"按钮,在"切除-拉伸"属性管理器中,终止条件都选择"完全贯穿",在所选轮廓选择图中 Φ6 的两个圆,单击"确定"按钮"切除-拉伸 2",完成建模,见图 4-9(a)。

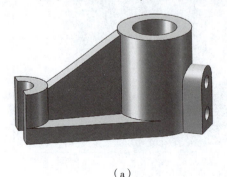
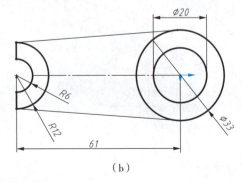

(a) (b)

图 4-10 综合结构建模 4

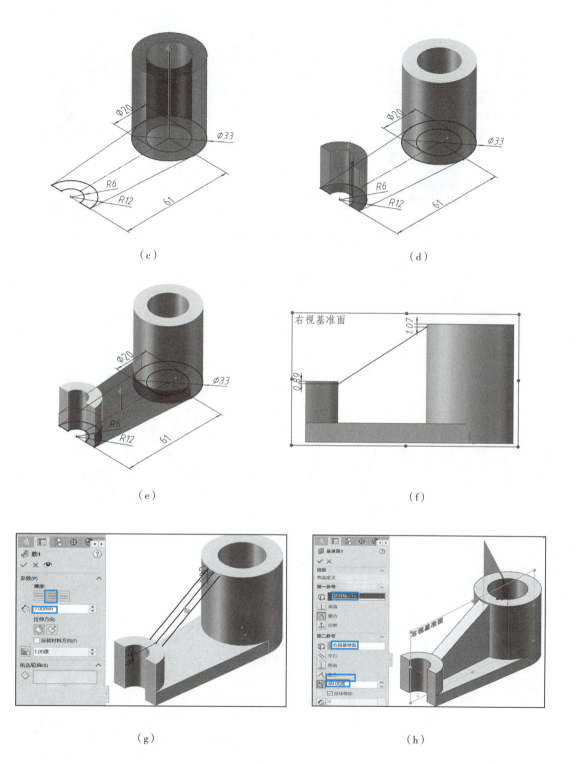

图 4-10 综合结构建模 4(续)

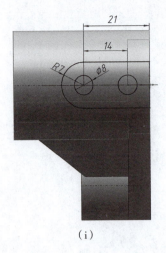

(i)

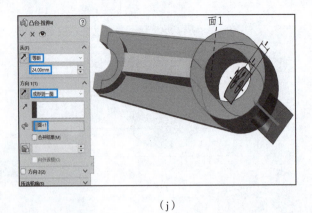

(j)

图 4-10　综合结构建模 4(续)

第5章
典型零件特征建模实例

SolidWorks 是一款强大的三维 CAD 设计软件,广泛应用于机械设计、工程分析、产品设计等领域。它为用户提供了丰富的建模工具,使得设计者能够轻松地创建各种复杂的零件模型。本章将介绍在 SolidWorks 中进行典型零件建模的方法和步骤。通过不断练习和实践,可以掌握更多的建模方法和技能,提高设计效率和质量。

5.1 零件分类

一般机器零件就其结构特点的不同可分为轴套类、盘盖类、叉架类和箱体类等,每类零件应根据其自身结构特点和加工工艺确定表达方案。

1. 轴套类零件

轴套类零件包括各种轴、丝杠、套筒等,轴的主要功能是支承传动零件(如带轮、齿轮等)和传递运动及动力;轴套一般是装在轴上,起轴向定位、传动或连接等作用。

轴套类零件一般是由若干个直径和长度不同的回转体同轴叠加组成,且轴向尺寸比径向尺寸大得多,主要加工方法是车削和磨削。常见的轴一般为实心的,也有空心的,有的轴细长,有的轴偏心,有的轴带有锥面。根据设计和工艺要求,轴套类零件上常带有键槽、花键、螺纹、孔、槽等功能结构,倒角、倒圆、中心孔、螺纹退刀槽、砂轮越程槽等工艺结构,如图 5-1 所示。

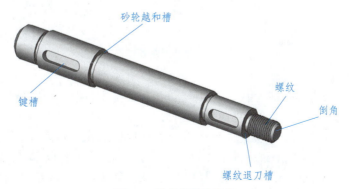

图 5-1 轴套类零件结构

2. 盘盖类零件

盘盖类零件包括轴承端盖、法兰盘、各种泵盖、齿轮、蜗轮、链轮、手轮、带轮等形状扁平的盘状零件。盘盖类零件主要分成两类：一类主要用来传递运动及动力，如齿轮、蜗轮、链轮、手轮、带轮等；另一类主要起支承、轴向定位或密封等作用，如轴承端盖、泵盖等盘盖类零件。

盘盖类零件多由同轴线回转体组成，且轴向尺寸小于径向尺寸，一般为铸件或锻件（钢件）毛坯，然后在车床上加工，塑料件的各种轮盘零件也越来越多，如齿轮、带轮、手轮等。其上常带有铸造圆角、倒角、轴孔、键槽、沿圆周分布的螺纹孔、光孔、定位销孔、凸缘、轮辐和肋板等局部结构，如图5-2所示。

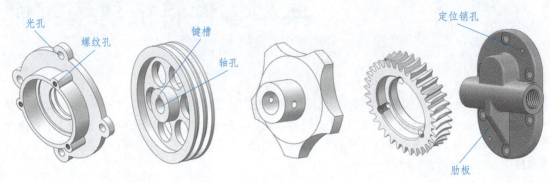

图5-2 轮盘类零件结构特点

3. 叉架类零件

叉架类零件一般包括拨叉、连杆及拉杆等叉杆类和支架类零件。拨叉、连杆、拉杆主要用于各种机构的机器机构上，操纵机器、调节速度。支架主要起支承和连接作用。

叉架类零件外形结构通常比较复杂，有的还有弯曲或倾斜结构，而且通常含有肋板结构。叉架类零件的形状结构按功能分为工作部分（由圆柱构成）、连接部分（由连板或肋板构成）和安装固定部分（由板构成），如图5-3所示。

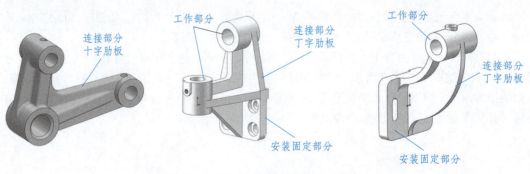

图5-3 叉架类零件结构

4. 箱体类零件

箱体类零件是组成机器或部件的主体零件，包括各种机体（座）、泵体、阀体、箱体、壳体、底座等，主要用来支承、容纳和保护运动零件或其他零件。

箱体类零件结构形状复杂，多为铸件经过必要的机械加工而成。箱体类零件通常是中空的壳或箱，有辅助的内腔和外形结构，有连接固定用的凸缘，支撑用的轴孔、肋板，固定用的底板等，以及安装孔、螺孔、销孔等结构；此外，还常有铸造圆角、起模斜度、倒角等工艺结构，如图5-4所示。

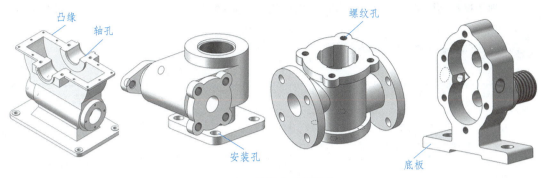

图 5-4 箱体类零件结构

5.2 轴套类零件建模

例5-1 完成如图 5-5 所示轴套类的建模。

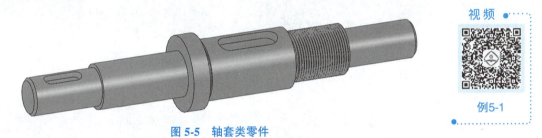

图 5-5 轴套类零件

分析：该轴类零件的基体是几段直径不同的圆柱，零件上面有两处键槽和一处外螺纹，宜采用旋转方式首先创建基体模型，再对基体两端创建倒角。然后，采用拉伸切除方法创建键槽，最后采用扫描切除创建外螺纹。

建模步骤：

（1）基体建模：在右视基准面上完成基体草图[见图 5-6(a)]，并退出草图编辑状态。在草图显示状态下，在特征工具栏中单击"旋转凸台/基体"按钮 ，生成如图 5-6(b) 所示的基体。

（2）创建倒角：在特征工具栏中单击"倒角"按钮 ，选择基体左右两端的边线，距离输入 1 mm，角度输入 45°，如图 5-6(c) 所示。

（3）创建键槽：在上视基本面上绘制如图 5-6(d) 所示的草图，在特征工具栏中单击"拉伸切除"按钮 ，在"拉伸切除"属性对话框中，开始条件选择"等距"，等距值框中输入 4.5 mm，表示从距离上视面为 4.5 mm 处开始挖去键槽，键槽深度为 3 mm。终止条件选择"完全贯穿"，完成左侧键槽的创建。同样的方法创建右侧键槽，如图 5-6(e) 所示。

（4）创建螺旋线：在直径为 Φ20 圆柱体的右端面，绘制与圆柱直径相等的圆。选择菜单栏中的"插入"→"曲线"→"螺旋线"命令，插入螺旋线。螺旋线的参数定义如图 5-6(f) 所示，其中顺时针代表右旋。

（5）绘制牙形草图：在与螺旋线起点垂直的平面上绘制牙形草图，由于螺旋线的起始角度已经定义为 90°，因此，右视面即为牙形草图平面。牙形草图如图 5-6(g) 所示，添加草图端点与螺旋线的"穿透"关系。

(6)创建扫描切除特征:以草图为轮廓,以螺旋线为路径,创建扫描切除特征,得到如图 5-6(h)所示的外螺纹。

(7)完成如图 5-5 所示轴套类的建模。

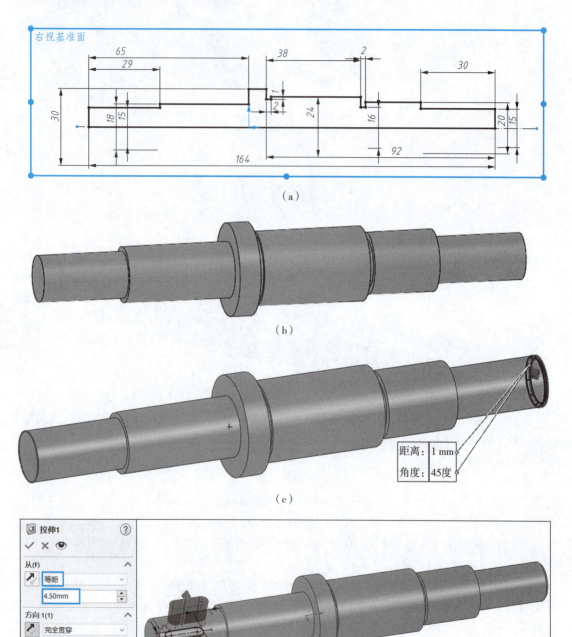

图 5-6 轴套类零件建模

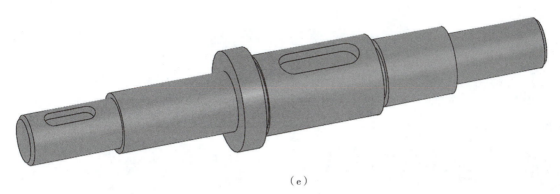

(e)

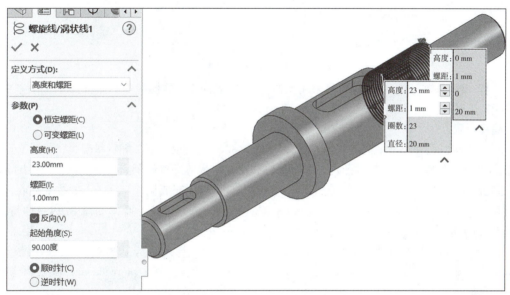

(f)

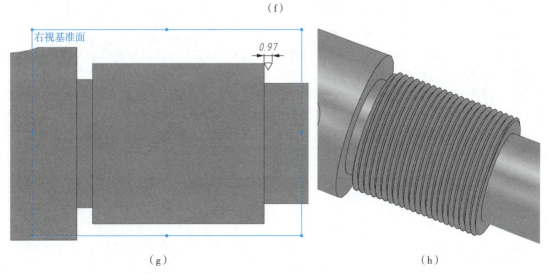

(g)　　　　　　　　　　　　　　　(h)

图 5-6　轴套类零件建模(续)

5.3 盘盖类零件建模

例5-2 完成如图5-7所示盘盖类的建模。

例5-2

图 5-7 盘盖类零件

分析：该零件基体为阶梯圆柱，宜采用拉伸方式，首先创建基体模型。沉孔和肋板结构应在建模后采用圆周阵列方式形成。最后创建倒角、圆角等应用特征。

建模步骤：

(1) 基体建模：在上视面完成底座草图1[见图5-8(a)]，并退出草图编辑状态。在草图1显示状态下，在特征工具栏中单击"拉伸凸台"按钮，在弹出窗口设置好拉伸距离参数，给定深度20 mm，在"所选轮廓"选项中，单击草图中的外围圆环，选中后进行拉伸，完成拉伸特征1。在草图1显示状态下，再次单击"特征"工具栏中的"拉伸凸台丨基体"按钮，重复特征1操作过程，完成拉伸特征2，如图5-8(b)所示。

(2) 插入异形孔：在底座上表面插入M20的柱形沉头孔，插入方法见3.4节中孔的建模过程。柱形沉头孔部分的直径为30 mm，深度为3 mm，如图5-8(c)所示。在Feature Manager中，选择编辑柱形沉头孔的草图，使其完全定义[见图5-8(d)]，并退出草图编辑状态。

(3) 阵列柱形沉头孔：选择"视图"→"临时轴"命令，使基体的轴线呈显示状态。单击"圆周阵列"特征按钮，选择各参数[见图5-8(e)]，完成柱形沉头孔的阵列。

(4) 创建筋特征：在右视面上，完成肋的草图；单击"筋"特征按钮，在窗口中设置各参数，完成肋特征，如图5-8(f)所示。阵列筋特征如图5-8(g)所示。

(5) 圆角与倒角：单击"圆角"特征，设铸造圆角均为3 mm，点选所有需要修圆角的边线。按住鼠标中键拖动，可任意旋转模型，便于选择边线。加入圆角特征后的模型如图5-8(h)所示。同理加入"倒角"特征，如图5-8(i)所示。

5.4 叉架类零件建模

例5-3 完成图5-9所示叉架类零件的建模。

分析：该零件由连接板、柱型支杆、耳板、柱状孔、槽及沉孔等主要结构组成。建模中的难点是柱形支杆，由于柱形支杆为倾斜结构，故其建模时需要创建辅助基准面，即柱形支杆的上端面。在此辅助基准面上创建反映支杆直径的草图，拉伸形到下一面，即可完成柱形支杆建模。

第5章 典型零件特征建模实例 85

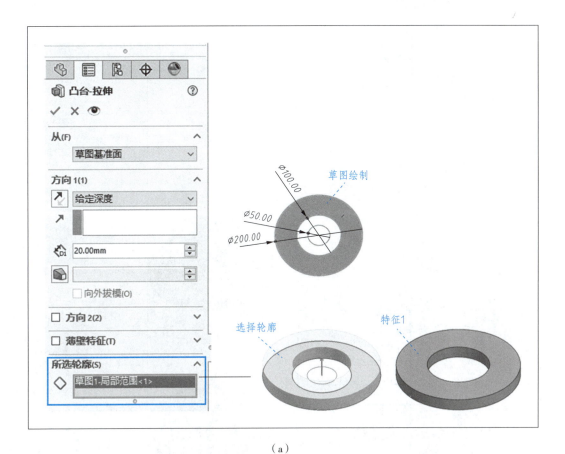

（a）

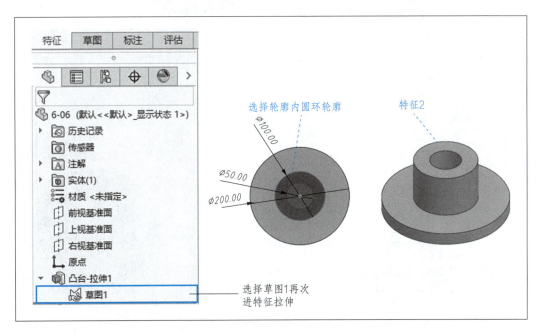

（b）

图 5-8 盘盖类建模步骤

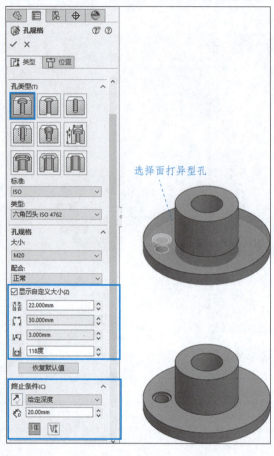

(c)

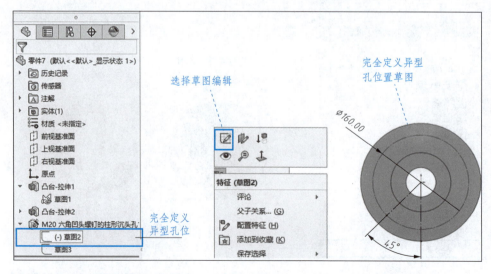

(d)

图 5-8 盘盖类建模步骤(续)

第5章 典型零件特征建模实例 87

(e)

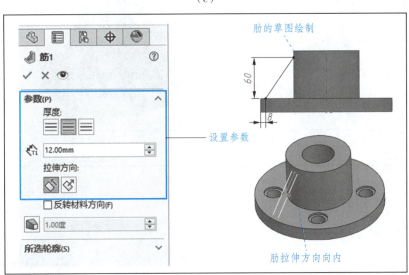

(f)

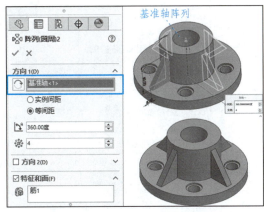

(g)

图 5-8 盘盖类建模步骤(续)

88 计算机成图技术应用教程

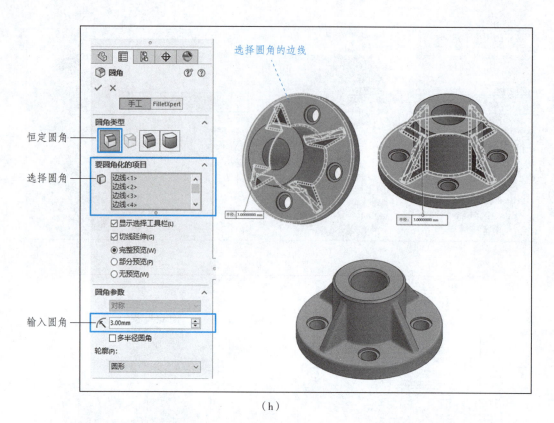

图 5-8 盘盖类建模步骤(续)

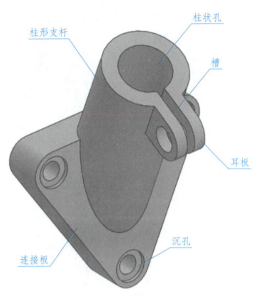

图 5-9 叉架类零件

建模步骤：

(1) 连接板建模：在右视面完成连接板草图并创建给定深度为 20 mm 的拉伸特征；给连接板修圆角，半径为 10 mm，完成连接板建模，如图 5-10(a) 所示。

(2) 创建辅助基准面：首先在右视基准面上画草线如图 5-10(b) 所示，退出草图后创建过顶点并与草图线垂直的基准面 1。

(3) 柱形支杆建模：在基准面 1 上绘制草图 2，使其圆心与原点重合，直径⌀40，如图 5-10(c) 所示。选择拉伸特征，终止条件为"成形到实体"，完成柱形支杆建模，如图 5-10(d) 所示。

(4) 耳板建模：在前视面上，绘制耳板草图，如图 5-10(e) 所示。创建拉伸特征，终止条件为"两侧对称"，距离为 15 mm，完成耳板结构，如图 5-10(f) 所示。

(5) 切除柱状孔及槽：在柱形支杆端面即基准面 1 上，绘制内孔及槽的草图，创建"拉伸切除"特征，终止条件分别为"完全贯穿"和"给定深度"25，结果如图 5-10(g) 所示。

(6) 插入柱形沉头孔：在连接板表面插入 M8 的柱形沉头孔，自定义大小，柱形沉头孔部分的直径为 15 mm，深度为 2 mm，如图 5-10(h) 所示。在位置选项中，选择柱形沉头孔草图圆心与连接板圆角同心，如图 5-10(i) 所示。

(7) 插入耳板孔：在耳板前端面，绘制草图如图 5-10(j) 所示。通过草图轮廓特征完全贯穿切除⌀8 柱孔，切除⌀12 柱孔，终止条件为形成到下一面，完成零件建模，如图 5-10(k) 所示。

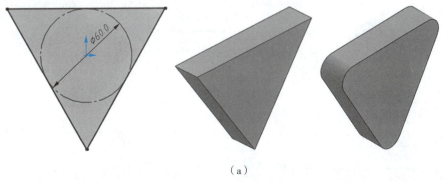

(a)

图 5-10 叉架类零件建模步骤

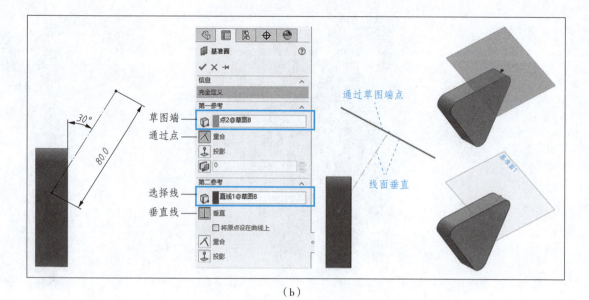

(b)

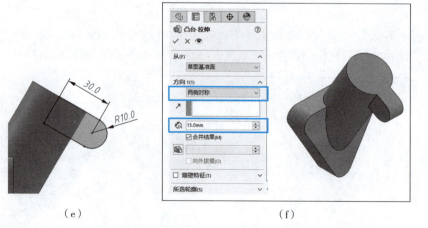

(c)　　　　　　　　　　　　　　(d)

(e)　　　　　　　　　　　　　　(f)

图 5-10　叉架类零件建模步骤(续)

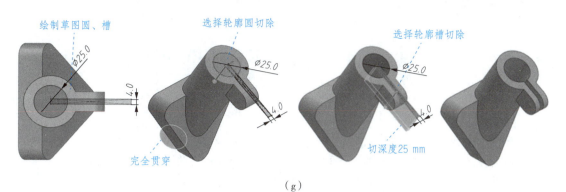

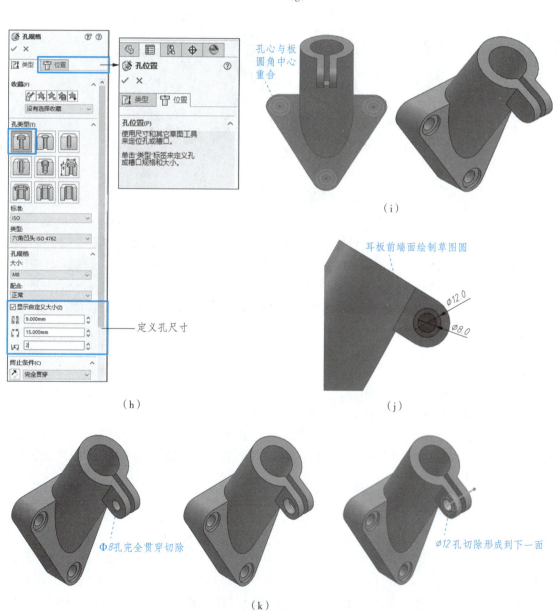

图 5-10 叉架类零件建模步骤(续)

5.5 箱体类零件建模

例5-4 完成图5-11所示箱体类零件的建模。

分析:该箱体零件的内外结构都很复杂,有底板、轴线沿Z轴方向的阶梯圆柱、下端圆柱两侧的筋板、轴线沿着Y轴方向的U形块,U形块的前端是带四个圆柱孔的面板。内部结构是阶梯孔和内螺纹。

视频

例5-4(1)

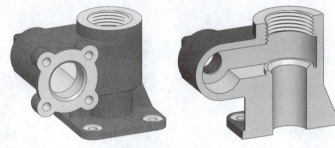

图 5-11 箱体类零件

视频

例5-4(2)

建模步骤:

(1)绘制草图1:在上视面完成"草图1"的绘制,如图5-12(a)所示。

(2)底板建模:在草图1显示状态下,在特征工具栏中单击"拉伸凸台"按钮,在弹出的窗口设置好拉伸距离参数,给定深度6 mm,在"所选轮廓"选项中,单击草图中的底板轮廓,选中后进行拉伸,结果如图5-12(b)所示。

(3)直径Φ35圆柱建模:在草图1显示状态下,再次单击"特征"工具栏上的"拉伸凸台—基体"按钮,给定深度30 mm,在"所选轮廓"选项中,单击草图中的Φ35圆,选中后进行拉伸。完成直径Φ35圆柱,如图5-12(c)所示。

(4)直径Φ50圆柱建模:在草图1显示状态下,再次单击"特征"工具栏上的"拉伸凸台—基体"按钮,"开始条件"选择"等距"距离输入30 mm,终止条件选择"给定深度"深度输入50 mm,在"所选轮廓"选项中,单击草图中的Φ50圆,选中后进行拉伸。完成直径Φ50圆柱,如图5-12(d)所示。

(5)U块建模:在草图1显示状态下,再次单击"特征"工具栏上的"拉伸凸台—基体"按钮,在"拉伸"属性对话框的开始条件框中选择"等距",等距值框中输入30 mm,终止条件选择"给定深度",深度值输入40 mm,在"所选轮廓"选项中,单击草图1中的U块轮廓,选中后进行拉伸。完成U块建模,如图5-12(e)所示。

(6)绘制草图2:在U块的右端面上完成"草图2"的绘制,如图5-12(f)所示。

(7)创建旋转1:在草图2显示状态下,单击"特征"工具栏上的"旋转凸台—基体"按钮,在"旋转1"属性对话框中,旋转轴框中选择草图2中的轴线,生成旋转1特征,如图5-12(g)所示。

(8)创建基准面1:选择"视图"→"隐藏/显示"→"基准轴"命令,将图中的轴线打开。单击"参考几何体"工具栏中的基准面按钮。在"基本面"属性对话框中,第一参考中选择"前视基准面",角度输入45度,第二参考中选择"基准轴1"。"基准轴1"就是"旋转1"中的临时轴。完成"基准面1"的创建,如图5-12(h)所示。

(9)创建旋转2:在"基准面1"上绘制轴线和长方形,通过旋转命令生成旋转2,如图5-12(i)所示。

(10)创建圆角:单击特征"工具栏上的"圆角"按钮,旋转图中边线,半径输入 8 mm,生成圆角,如图 5-12(j)所示。

(11)阵列球头圆柱:选择菜单栏中的"视图"→"临时轴"命令,使基体的轴线呈显示状态。单击"圆周阵列"特征按钮,选择各参数,完成球头圆柱的阵列,如图 5-12(k)所示。

(12)创建切除-旋转 1:在草图 2 显示状态下,单击"特征"工具栏上的"旋转切除"按钮,在"切除-旋转 1"属性对话框中,选择各参数,完成切除-旋转 1 的创建,如图 5-12(l)所示。

(13)创建拉伸 5:在旋转 1 的后端面绘制如图 5-12(m)所示的草图,拉伸距离 5 mm,完成拉伸 5 特征创建。

(14)创建切除-旋转 2:在右视基本面上绘制如图 5-12(n)所示的草图 4,单击"特征"工具栏上的"旋转切除"按钮,在,完成切除-旋转 2 的创建。

(15)创建拉伸切除 1:在图 5-12(o)中的端面上绘制长方形草图,在特征工具栏中单击"拉伸切除"按钮,距离输入 22 mm,完成拉伸切除 1 的创建。

(16)创建筋特征:在右视面上,完成肋的草图;单击"筋"特征按钮,在窗口中设置各参数,完成肋特征。完成左右两侧筋的创建,如图 5-12(p)所示。

(17)插入异形孔:在"旋转 1"的前端面,插入 M8 的底部螺纹孔,插入方法见 3.4 节中孔的建模过程。底部螺纹孔的参数如图 5-12(q)所示。在 Feature Manager 中,选择编辑底部螺纹孔的草图,底部螺纹孔轴线与"旋转 2"的轴线重合,使其完全定义,并退出草图编辑状态,如图 5-12(q)所示。

(18)阵列螺纹孔:选择菜单栏中的"视图"→"临时轴"命令,使基体的轴线呈显示状态。单击"圆周阵列"特征按钮,选择各参数,完成螺纹孔的阵列,如图 5-12(r)所示。

(19)圆角与倒角:单击"圆角"特征,设铸造圆角均为 1 mm,点选所有需要修圆角的边线。按住鼠标中键拖动,可任意旋转模型,便于选择边线。加入圆角特征后的模型,同理加入"倒角"特征,如图 5-12(s)所示。

(20)插入螺旋线:在直径为 Φ31 圆柱体的上端面,绘制与圆柱直径相等的圆。选择菜单栏中的"插入"→"曲线"→"螺旋线"命令,插入螺旋线。螺旋线的参数定义如图 5-12(t)所示,其中顺时针代表右旋,得到如图 5-12(t)所示的螺旋线。

(21)绘制牙型草图:与与螺旋线起点垂直的平面上绘制牙型草图,由于螺旋线的起始角度已经定义为 0°,因此,右视面即为牙型草图平面。牙型草图如图 5-12(u)所示,添加草图端点与螺旋线的"穿透"关系。

(22)创建扫描切除特征:以草图为轮廓,以螺旋线为路径,创建扫描切除特征,得到如图 5-6(v)所示的外螺纹,完成箱体类零件的建模,见图 5-11。

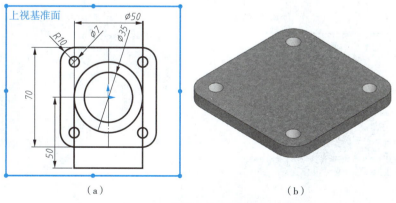

(a)   (b)

图 5-12 箱体类零件建模步骤

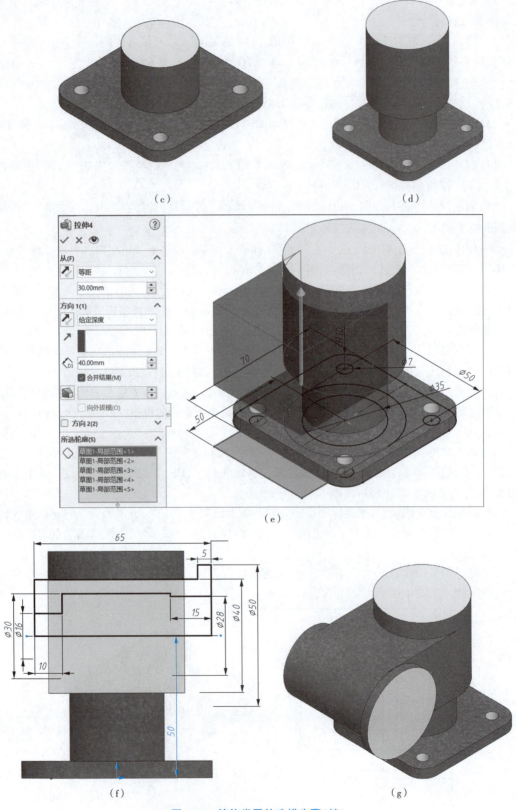

图 5-12 箱体类零件建模步骤(续)

第5章 典型零件特征建模实例 95

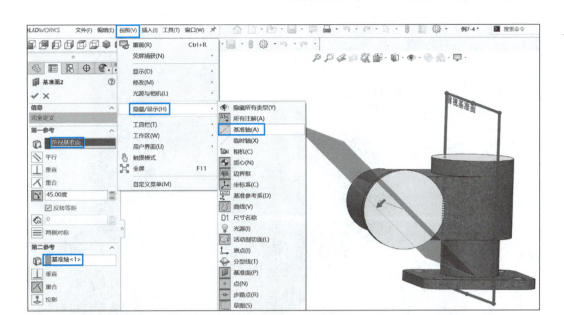

(h)

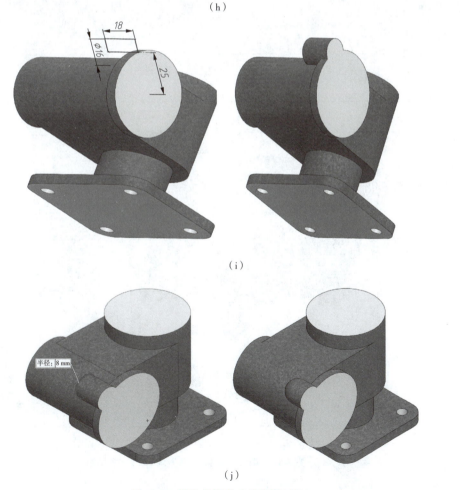

(i)

(j)

图 5-12 箱体类零件建模步骤(续)

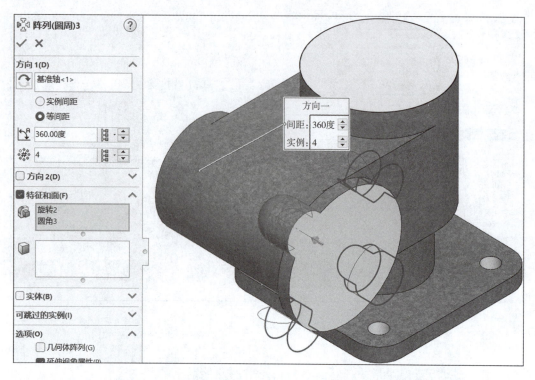

(k)

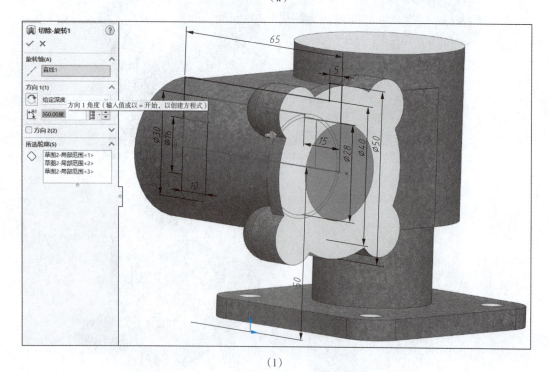

(l)

图 5-12　箱体类零件建模步骤(续)

(m)

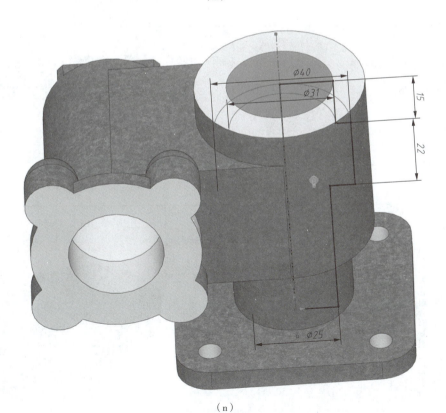

(n)

图 5-12 箱体类零件建模步骤(续)

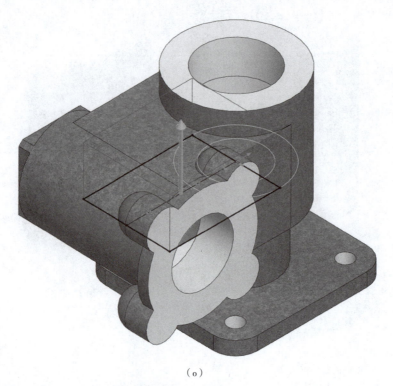

(o)

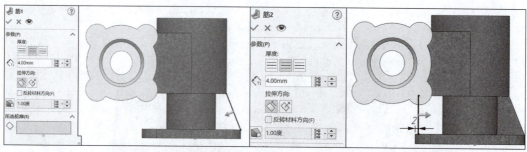

(p)

(q)　　　　　　　　　　　　　　　　(r)

图 5-12　箱体类零件建模步骤(续)

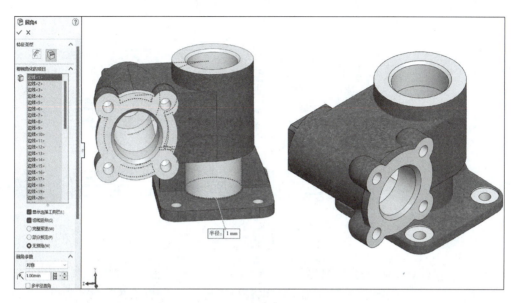

(s)

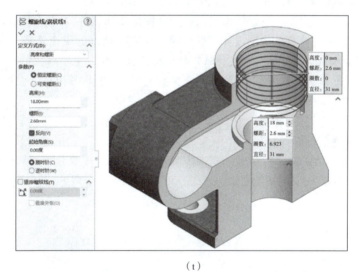

(t)

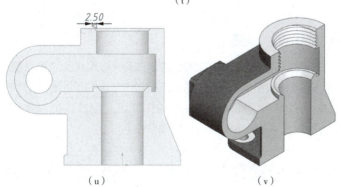

(u) (v)

图 5-12　箱体类零件建模步骤(续)

第6章 二维计算机工程图的绘制

计算机绘图是计算机辅助设计与制造(CAD/CAM)的重要组成部分。它作图精度高,出图速度快,可以大幅缩短产品的设计过程,提高工作效率,还可以进行三维建模,预见设计效果。计算机绘图现已成为最重要的绘图方式,是企业信息化中不可缺少的重要环节。

AutoCAD 是 Autodesk 公司于 1982 年推出的交互式图形绘制软件,具有使用方便、易于掌握等特点,是最早得到普及应用的计算机辅助设计软件。随着计算机技术的飞速发展,三维实体造型技术日臻成熟,Pro/E、UG、SolidWorks 等三维设计软件相继推出,在机械、电子、建筑等各个领域都得到广泛应用。AutoCAD 经过多次版本升级,功能不断强大和完善,加之与各个三维设计软件有着良好的数据接口,是使用最为广泛的计算机辅助设计软件之一。

AutoCAD 的主要功能包括:基本的图形绘制功能和编辑功能、三维造型功能、数据交换功能、二次开发功能和互联网通信功能等。

本章简要介绍 AutoCAD 2020 中文版的基本内容,因篇幅所限,主要介绍其基本绘图功能,并以实例说明绘制工程图样的方法,引导初学者快速入门。对于该软件的更多功能和应用,可查阅相关书籍。

6.1 AutoCAD 2020简介

6.1.1 AutoCAD 2020 用户界面

启动 AutoCAD 2020 后,即进入 AutoCAD 2020 的绘图环境,其默认的用户操作界面是基于"草图与注释"工作空间的操作界面,如图 6-1 所示。AutoCAD 2020 预设了三种工作空间,可单击右下角的"切换工作空间"按钮✿▾,以得到更加便于工作的操作界面。用户也可以根据具体的任务需要,自行调整菜单、工具栏、选项板的内容,建立自定义的工作空间。

1. 标题栏

标题栏位于应用程序窗口的顶部,显示当前载入的文件名。在启动 AutoCAD 2020 后新建的默认文件名为 Drawing1.dwg。

2. 快速访问工具栏

该工具栏可新建、打开或保存文件,放弃或重做上一个命令,打印图形几个常用的操作,用户也可以单击按钮后面的下拉按钮选择需要的操作。

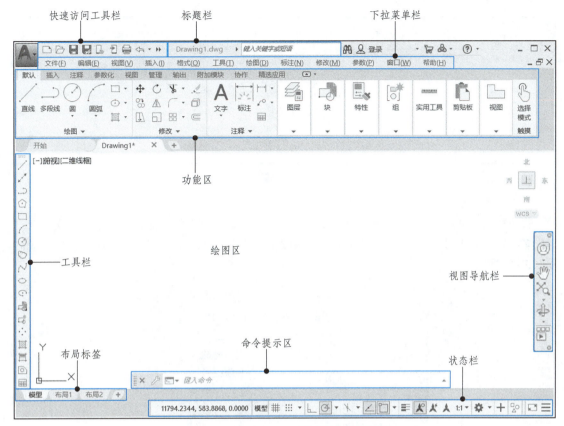

图 6-1　AutoCAD 2020 默认用户操作界面

3. 下拉菜单栏

AutoCAD 2020 的下拉菜单在初始界面中处于隐藏状态，可通过单击快速访问工具栏右侧的 ▼ 按钮显示下拉菜单，其中几乎包含了 AutoCAD 的所有绘图命令。还可以通过鼠标右键弹出快捷菜单（即光标菜单），光标菜单提供的命令与光标的位置及 AutoCAD 的当前状态有关。

4. 功能区

功能区包括"默认""插入""注释""参数化"等一系列选项卡，并集成了相关的操作工具，可以通过单击不同的选项卡切换相应的显示面板。用户可以单击选项卡后面的 ▼ 按钮，控制显示面板的展开与收缩。

5. 绘图区

绘图区是用户的绘图区域，如同手工绘图所需的图纸，用户可在该区域内绘制、编辑图形文件。绘图区没有边界，利用视窗导航栏的功能，可使绘图区任意移动或者无限缩放。

6. 工具栏

选择菜单栏中的"工具"→"工具栏"→AutoCAD 命令可以调出需要的工具栏，工具栏是对功能区上相应选项板内容的展开显示，更加方便用户操作。工具栏是浮动的，单击工具栏的边界并按住鼠标左键，就可以把工具栏拖到窗口中任意位置，绘图时应根据需要打开当前使用或常用的工具栏。

一般情况下，老用户比较习惯按照 AutoCAD 的经典模式布置工具栏。在经典模式下，"绘图"工具栏位于用户界面左侧，"修改"工具栏位于用户界面右侧，"标准""样式""特性""图层"四个工具栏位于绘图区上方，如图 6-2 所示。

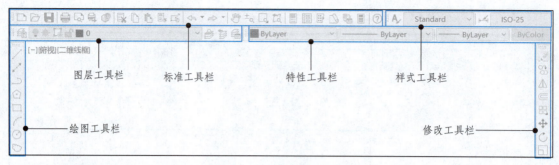

图 6-2　AutoCAD 经典模式

7. 视图导航栏

视图导航栏可以方便用户对绘图区进行平移、缩放,动态观察三维立体,或创建动画演示。软件提供多种缩放方式,其中"实时缩放"也可由鼠标滚轮快捷地完成,如图 6-3 所示。若不需要,可在功能区选择"视图"→"导航栏"取消选择。

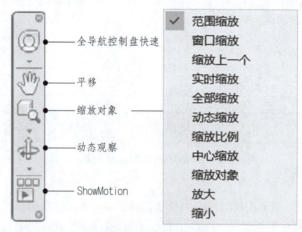

图 6-3　视图导航栏

8. 命令提示区

命令提示区是供用户输入命令和显示命令提示的区域,是显示人机对话内容的地方。在执行 AutoCAD 某些命令时,会自动切换到命令提示区,列出相关提示,用户要时刻关注在命令提示区出现的信息。命令提示区可移动到其他地方,也可以更改大小;在命令输入的状态下按【F2】键,可调出 AutoCAD 文本窗口,以便更好地显示命令输入和执行过程,如图 6-4 所示。

9. 布局标签

在 AutoCAD 2020 中,系统默认打开模型空间,在绘图工作中,无论是二维还是三维图形的绘制与编辑,都是在模型空间下进行的。布局是包含特定视图和注释的图纸空间,侧重于图纸的布置工作,可将模型空间的图形按照不同的比例搭配,再加以文字注释,构成最终的图纸打印布局,用户可以根据实际需要修改原有布局或创建新的布局标签。

10. 状态栏

状态栏位于用户操作界面的最底部,可单击最右侧的"自定义"按钮≡,更改显示的内容。其左侧显示当前光标所处位置的坐标值,其余为辅助绘图工具的控制按钮,通过这些按钮可以控制图形或绘图区的状态。

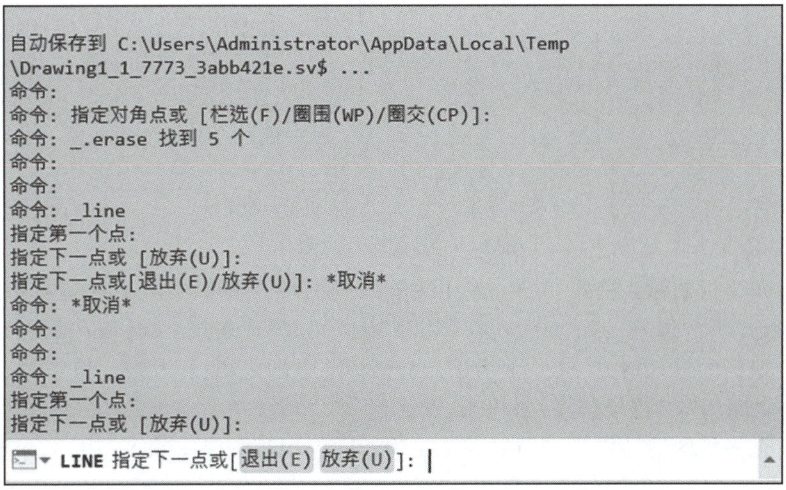

图 6-4　AutoCAD 文本窗口

6.1.2　命令的输入方式

AutoCAD 通过执行各种命令来实现图形的绘制、编辑、标注、保存等功能。命令的输入方式有六种：

(1) 在下拉菜单中选择相应的菜单项输入命令。
(2) 在功能区单击按钮输入命令。
(3) 在工具栏中单击相应的按钮输入命令。
(4) 在命令提示区的命令行输入命令。
(5) 按【Space】键或【Enter】键可重复调用上一命令。
(6) 在右键快捷菜单中选择所需命令。

若需要结束一个命令，可按【Enter】键、【Space】键、【Esc】键或者右击选择"确定"命令。

无论通过何种命令输入方式完成命令输入后，在命令提示区都会显示下一步操作的提示，用户就是通过命令提示区进行人机对话的。对于用户来说，特别是初学者，在不熟悉命令操作程序的情况下，认真查看命令提示是十分必要的。

6.1.3　数据输入方式

AutoCAD 在执行绘图和编辑命令时，经常需要输入必要的数据，如点的坐标、距离、长度、角度、数量等。数据的输入方式有光标拾取、键盘输入、对象捕捉和动态输入。

1. 光标直接拾取点

用十字光标直接在界面上选取点的位置，随着光标的移动，界面下方状态栏的左侧可随时显示当前光标的坐标值。

2. 命令提示区输入

在命令提示区可准确输入点的位置，也可输入长度、半径、距离、位移量等数据。

AutoCAD 提供了世界坐标系（WCS）和用户坐标系（UCS）。由于用户坐标系可以移动原点的位置和旋转坐标系的方向，在三维绘图时很有用。在二维绘图时，则广泛使用世界坐标系。世界坐标系中，X 轴表示界面的水平方向，向右为正；Y 轴表示界面的垂直方向，向上为正。点坐标的输入方式有以下四种，如图 6-5 所示。

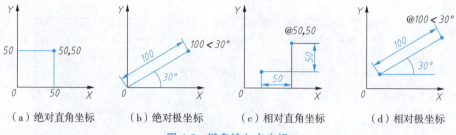

(a) 绝对直角坐标　　(b) 绝对极坐标　　(c) 相对直角坐标　　(d) 相对极坐标

图 6-5　键盘输入点坐标

(1) 绝对直角坐标的输入格式: X,Y。X、Y 为输入点相对于原点的坐标值,坐标数值之间用逗号", "分隔(英文状态下的逗号),如"50,50✓"⊖。其中,⊖"✓"代表按 1 次【Enter】键,后同。

(2) 绝对极坐标的输入格式: $r<\alpha$。r 为该点与坐标原点的距离,α 为该点与 X 轴正向的夹角,逆时针为正,两值之间用"<"符号分隔,如"100<30✓"。

(3) 相对直角坐标的输入格式: @X,Y。X、Y 为输入点相对于前一输入点的坐标差值,即在水平和竖直方向的位移,如"@50,50✓"。

(4) 相对极坐标的输入格式: @$r<\alpha$。r 为该点相对于前一点的距离,α 为两点连线与 X 轴正向的夹角,如"@100<30✓"。

3. 对象捕捉

对象捕捉是指捕捉已有图形上的某些特殊几何位置点,如端点、中点、圆心、交点、垂足等,这是精确定位点的一种重要方法。绘图中可以通过状态栏的"对象捕捉"按钮随时打开或关闭对象捕捉模式,也可以右击该按钮,对需要经常捕捉的特殊点进行设置,如图 6-6 所示。如果捕捉点设置得太多,会在绘图中影响捕捉的准确性,因此可根据当前的绘图需要灵活更改捕捉点的设置。

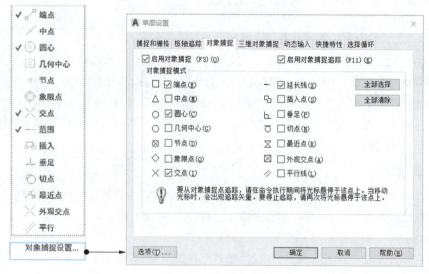

图 6-6　对象捕捉设置

4. 动态输入

单击状态栏上的"动态输入"按钮,用户可以跟随光标的位置动态地输入某些参数值。例如画直线时,光标旁边动态地显示当前的坐标,可用键盘输入准确的坐标值,用【Tab】键在两个坐标输入框间切换;在确定了第一点后,系统动态地显示直线的角度和长度,此时可将光标停在所需要的角度位置或输入准确的角度值,然后输入直线的长度,如图 6-7 所示,其效果与"@ $r<\alpha$"的输入方式相同。

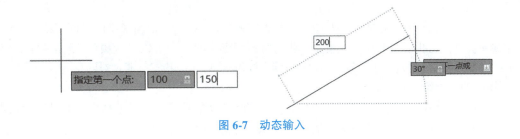

图 6-7 动态输入

6.2 图形绘制

6.2.1 绘图环境的设置

利用 AutoCAD 在界面上绘图就如同用工具在图纸上画图一样,要选择合适的图纸幅面,设置好所需要的线型、颜色、文字和尺寸样式等,这些内容便构成了初始的绘图环境。可将常用的绘图环境保存为样板文件,每次绘图时直接调用,这样既可省去重复设置的麻烦,又可以保持图样特性的一致。

1. 绘图单位设置

选择菜单栏中的"格式"→"单位"命令或在命令行中输入 Units↙,弹出如图 6-8 所示的"图形单位"对话框。在对话框中通常可采用系统默认值,即国家标准规定的图形单位和精度。

图 6-8 "图形单位"对话框

2. 图幅设置

选择菜单栏中的"格式"→"图形界限"命令或在命令行中输入 Limits↙,按命令提示区显示的提示,分别输入图幅左下角和右上角的点坐标。图幅设置的系统默认值为 A3 幅面,即左下角坐标为(0,0),右上角坐标为(420,297)。

设置图幅后,为绘图方便,需将整个绘图范围全屏显示,可单击标准工具栏上的全部缩放按钮,或在视图导航栏中选择此缩放方式。

3. 图层(Layer)设置

AutoCAD 将图线放在图层中管理,图层相当于零厚度的透明纸,把图形中的不同图线分别画在不同的层中,再将这些层重叠在一起就是一张完整的图形。图层中可以设置颜色、线型及线宽等属性,也可以设置图层开/关、冻结/解冻、锁定/解锁、打印/不打印等状态。通过对图层的操作,可以实现不同图线的分类统一管理。

图层的设置方式为选择菜单栏中的"格式"→"图层"命令或单击图层工具栏中的"图层特性管理器"按钮,弹出如图6-9所示的对话框,即可新建图层、设置当前图层、删除指定层、修改图层的状态、颜色、线型、线宽等。常见属性含义如下:

(1) 关闭:图层被关闭后,层内图形不显示。
(2) 冻结:图层被冻结后,层内图形不显示,也不会被扫描。
(3) 锁定:图层被锁定后,层内图形可见,但不能编辑。
(4) 不打印:设置后层内图形不能被打印,但只对可见图层有效,对被冻结或关闭的图层不起作用。

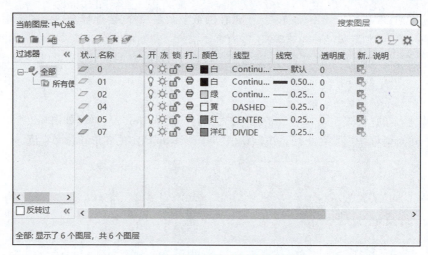

图6-9 "图层特性管理器"对话框

GB/T 18229—2000《CAD 工程制图规则》规定了图层的各项属性。常用图线的颜色及其对应图层见表6-1。

表6-1 常用图线的颜色及其对应图层

图线	粗实线	细实线	波浪线	双折线	细虚线	细点画线	细双点画线
颜色	白		绿		黄	红	粉红
层号	01		02		04	05	07
线型	Continuous		Continuous		Dashed	Center	Divide

4. 线型比例设置

线型比例需要根据图幅的大小设置。设置线型比例可调整虚线、点画线等线型的疏密程度,比例太大或太小都会使虚线、点画线看上去是实线。比例的默认值为1,当图幅较小时可设置为0.5左右,图幅较大时比例值可设在10~25之间。

线型比例的设置方式是:选择菜单栏中的"格式"→"线型"→"显示细节"命令或者在命令行输入 Ltscale(或 Lts),再根据提示输入适当的比例数值。

5. 文本设置

根据国家标准中有关字体的规定,通常可创建"汉字"和"字母和数字"两种文字样式,分别用于文字书写和尺寸标注。

选择菜单栏中的"格式"→"文字样式"命令或在命令行输入 Style↙,也可以在"样式"工具栏单击"文字样式"按钮 ,弹出"文字样式"对话框,如图 6-10 所示。单击"新建"按钮可设置新的文字样式名称,字体采用国家正式推行的简化字,高度等需要按国家标准设置,见表 6-2。

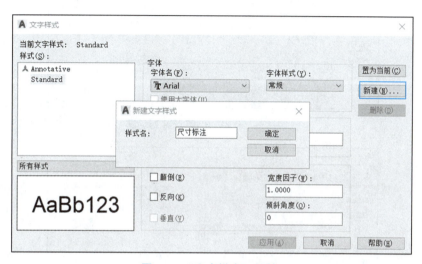

图 6-10 "文字样式"对话框

表 6-2 字体高度与图纸幅面之间的选用关系(GB/T14665—2012)

字符类别	图幅				
	A0	A1	A2	A3	A4
字母与数字	5			3.5	
汉字	7			5	

6. 标注样式设置

标注样式可以用来控制标注的外观,如箭头样式、文字位置和尺寸精度等。用户可以自行创建标注样式,快速指定标注格式,以确保标注格式符合标准。

选择菜单栏中的"标注"→"标注样式"命令或单击"标注"工具栏上的按钮 ,弹出"标注样式管理器"对话框,如图 6-11 所示。通常在 ISO-25(国际标准)基础上新建样式,分别用于标注线性尺寸、非圆的线性尺寸及角度尺寸,单击"新建"按钮,弹出"新建标注样式"对话框,如图 6-12 所示。

输入新样式名,单击"继续"按钮可对新样式进行具体设置,如图 6-12 所示。通常对其中的"线""符号和箭头""文字""主单位"选项卡进行设置,设置值与所绘图幅大小有关。以 A4 图幅为例,对"线性尺寸"的标注样式可设置为:"线"选项卡中,尺寸界线超出尺寸线值设置为 2;"符号和箭头"选项卡中箭头大小设置为 3.5;"文字"选项卡中,文字高度设置为 3.5,字体与尺寸线对齐;"主单位"选项卡中,设置主单位精度为 0。

对有特殊标记的尺寸标注样式,可在"主单位"选项卡的"前缀"文本框中添加符号,例如要在尺寸数字前面添加符号ø,可在此处添加"%%c";对"角度尺寸"标注样式,修改"文字"选项卡,字体对齐方式选择"水平"即可。

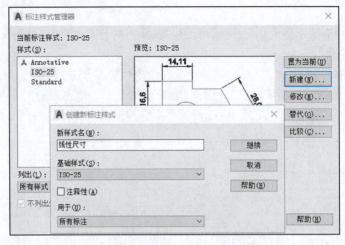

图 6-11 "标注样式管理器"对话框

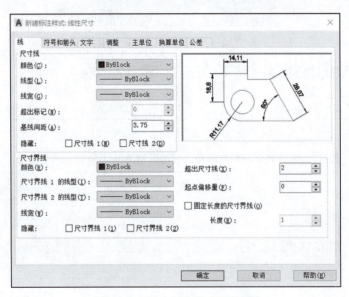

图 6-12 "新建标注样式"对话框

例6-1 创建 A4 样板图,如图 6-13 所示。

1. 创建 A4.dwt 文件

启动 AutoCAD 2020,选择菜单栏中的"文件"→"新建"命令或单击"标准"工具栏中的"新建"按钮,在"选择样板"对话框中选择 acadiso.dwt 默认样板,打开一张新图,单击"保存"按钮,选择保存类型为"AutoCAD 图形样板文件(*.dwt)",并命名当前文件为"A4"。

2. 设置绘图环境

按前述方法,完成"绘图单位""图幅""图层""线型比例""文本""尺寸标注样式"等绘图环境的设置。

3. 绘制图幅边界、图框和标题栏

(1)绘制图幅边界线:设"02"细实线层为当前层,选择菜单栏中的"绘图"→"矩形"命令或单击"绘图"工具栏中的"矩形"按钮,按命令提示区显示的提示,分别输入图幅左下角(0,0)和右上角(297,210)的坐标。

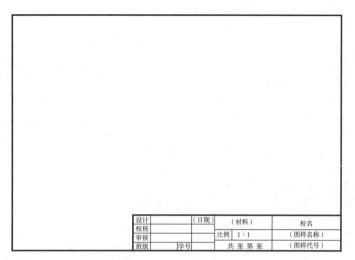

图 6-13 A4 样板图

(2) 绘制图框线：设"01"粗实线层为当前层，单击"矩形"按钮□，分别输入左下角(5,5)和右上角(292,205)的坐标。

(3) 绘制标题栏：单击状态栏中的"对象捕捉"按钮□，将对象捕捉激活，单击"矩形"按钮□，捕捉图框右下角点作为矩形起始输入点，输入相对坐标点(@-180,30)作为矩形左上角点，绘制出标题栏外框；进入"02"细实线层，选择菜单栏中的"绘图"→"直线"命令或单击"绘图"工具栏中的"直线"按钮╱，绘制标题栏内部表格线。

(4) 输入文本内容：设"02"细实线层为当前层，选择菜单栏中的"绘图"→"文字"→"多行文字"命令，或单击"绘图"工具栏中"多行文字"按钮A，按命令提示区显示的提示，输入文字的位置或高度、角度等，再输入标题栏中的文字内容。如果需要修改，可双击文字，在功能区的"文字编辑器"中修改。

4. 存盘退出

单击"保存"按钮■，保存绘制好的图形，生成 A4.dwt 样板文件，见图 6-13。

6.2.2 基本绘图命令

1. 常见基本绘图命令

调用常见绘图命令的方法：单击"绘图"工具栏中的相应按钮；功能区中选择"默认"→"绘图"选项板；选择菜单栏中的"绘图"命令；在命令提示区输入命令。应用基本绘图命令绘制简单图形的方法见表 6-3。

表 6-3 应用基本绘图命令绘制简单图形的方法

按钮/命令/功能	操作实例
╱ Line 绘制直线段	命令：_line↵ 指定第一点：100,100↵ 指定下一点或[放弃(U)]：@50,0↵ 指定下一点或[放弃(U)]：@50<120↵ 指定下一点或[闭合(C)/放弃(U)]：c↵　　(@50<120) 　　　　　　　　　　　　　　　　　　　　(100,100)　　(@50,0)

续上表

按钮/命令/功能	操作实例
Pline 绘制多段线	命令:_pline↵ 指定起点:100,100↵ 指定下一个点或[圆弧(A)/闭合(C)……]:@50,0↵ 指定下一点或[圆弧(A)/闭合(C)……]:A↵ 指定圆弧的端点或[角度(A)/圆心(CE)……]:@0,-30↵ 指定圆弧的端点或[角度(A)……直线(L)]:L↵ 指定下一点或[圆弧(A)/闭合(C)……]:@-50,0↵ 指定下一点或[圆弧(A)/闭合(C)……]:A↵ 指定圆弧的端点或[角度(A)/圆心(CE)/闭合(CL)……]:CL↵
Rectang 画矩形	命令:_rectang↵ 指定第一个角点或[倒角(C)/标高(E)/圆角(F)/厚度(T)/宽度(W)]:100,100↵ 指定另一个角点或[面积(A)/尺寸(D)/旋转(R)]:@50,25↵
Circle 绘制圆	命令:_circle↵ 指定圆的圆心或[三点(3P)/两点(2P)/切点、切点、半径(T)]:100,100↵ 指定圆的半径或[直径(D)]<25.0000>:25↵
Polygon 绘制正多边形	命令:_polygon↵ 输入边的数目<4>:5↵ 指定正多边形的中心点或[边(E)]:100,100↵ 输入选项[内接于圆(I)/外切于圆(C)]<I>:↵ 指定圆的半径:25↵ 注:若已知外切圆半径则输入选项[内接于圆(I)/外切于圆(C)]<I>:C↵

2. 绘图辅助功能

在界面下方的状态栏中提供了辅助绘图功能按钮,高亮显示为开启状态,如图6-14所示。带有▼的按钮可进行进一步的功能设置。绘图中常用功能如下:

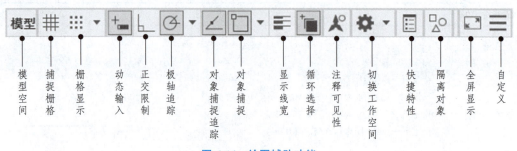

图6-14 绘图辅助功能

(1) 捕捉栅格⊞:为鼠标移动设置一个固定步长。在绘图命令下,光标移动距离总是步长的整数倍,以提高速度和精度。

(2) 栅格显示⊞:可以使绘图区显示指定间距的栅格点,类似于方格纸。栅格点是一种辅助定位图形,不是图形对象,不能被打印输出。当采取栅格和捕捉模式配合使用时,对于提高绘图精度有重要作用。

(3) 正交限制⌐:控制绘制图线方向为水平或垂直,常用于使用鼠标画水平或垂直线。

(4) 极轴追踪⊘:控制绘制图线的角度按用户设定的角度增量增加。

(5) 对象捕捉□和动态输入⊡:参看 6.1.3 节内容。

(6) 对象捕捉追踪∠:与"对象捕捉"配合使用,将会在光标移动时显示捕捉点的对齐路径。

(7) 循环选择▣:当需要选择相邻或者相互重叠的对象时通常是比较困难的,开启该功能再选择重叠对象时,系统便会弹出可供选择的项。也可以按住[Shift+Space]组合键,同时用光标重复单击所选对象,此时被选中的实体将在互相重叠的对象中循环切换。

(8) 注释可见性人:可显示所有比例的注释性对象。

(9) 显示线宽≡:可以开关界面线型的显示效果,但不影响打印。只有超过 0.3 mm 的线宽才能在界面上显示为粗实线。

(10) 隔离对象⊙:在当前的视图中暂时隐藏选定的对象或未选择对象。

绘图辅助命令是透明命令,可以在执行任何一个命令的过程中插入执行,完成后又恢复到执行原命令状态。为保证方便、快捷地绘图,推荐启动极轴、对象捕捉、对象追踪模式。

3. 参数化绘图

参数化绘图可通过功能区的"参数化"选项板,或选择"参数"菜单调用,也可以打开工具栏中的"几何约束"或"标注约束",如图 6-15 所示。添加或改变约束条件,图形对象会随之变化,便于精确控制图形。

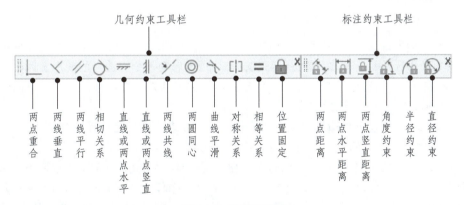

图 6-15　约束工具栏

(1) 几何约束:用来定义图形对象之间的关系,包括平行、垂直、同心、水平、相切、重合等。在进行几何约束时,先选择约束类型,再选择基准约束对象,最后选择被约束对象。

例如,在图 6-16(a)的左右边线之间添加对称关系,上下边线之间添加平行关系,图形受约束关系限制变为图 6-16(b),几何关系也可以设置为隐藏状态,在参数化选项板或"参数化"工具栏中单击"选择或隐藏几何约束"按钮⊙,再经过进一步的编辑,可得到图 6-16(c)。

在图形对象之间建立约束关系之后,调整一个对象的位置或大小,另一个对象也会随之变动,而约束关系保持不变。

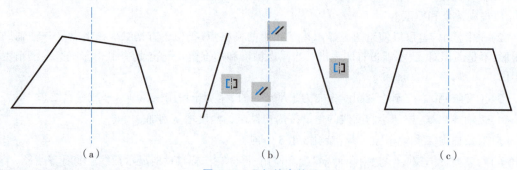

图 6-16　几何约束关系

（2）标注约束：可控制图形对象的大小，如直线的长度、两点之间的距离、角度和圆弧半径等。在开始绘图时可以先不考虑尺寸大小，把图形画好后，再添加标注约束将图形驱动到所要求的大小，两种约束关系经常配合使用，如图 6-17 所示。

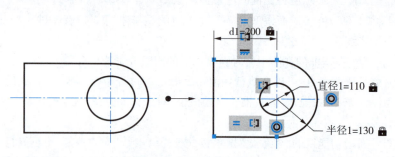

图 6-17　标注约束关系

6.2.3　基本编辑命令

1. 构造选择集

当用户对图形进行编辑时，许多命令都要求选择要进行编辑的对象。AutoCAD 提供两种编辑方式：先启动命令，后选择要编辑的对象；或者先选择对象，再启动命令。选择的图形实体可以是单个的，也可以是多个的。当选择结束后经常要单击鼠标右键来结束选择状态，然后再进行其余操作。这里，介绍几种最常用的对象选择方法。

（1）定点方式：直接用光标拾取要选定的实体。这种方式一次只能选择一个实体，若有相互重叠的对象，可单击状态栏中的"循环选择"按钮，循环切换。

（2）窗口方式：当需要选择多个实体，且位置比较集中时，可用光标在界面上拾取矩形框的两个对角点来选取框内的对象，也可以用拖动光标的方式形成一个任意形状的选择窗口。从左向右形成的窗口（窗口选择）将会选中完全包含在窗口内的对象，从右向左形成的窗口（交叉窗口选择）会选中窗口内以及和窗口边界相交的全部对象。

（3）圈围/圈交方式：类似于窗口方式，用光标拾取多个点围成一个多边形来确定选择范围，"圈围"可选中全部包含在多边形内的对象，"圈交"可选中全部包含以及与多边形边界相交的对象。进入对象选择状态后，在命令行输入"wp↙"或"cp↙"，即可进入这种选择方式。

（4）栏选方式：可以绘制任意的线，不需要构成封闭图形，与这些线相交的对象都会被选中。进入对象选择状态后，在命令行输入"f↙"，即可进行栏选。

2. 常见基本编辑命令

常见编辑命令的按钮、功能以及编辑简单图形的方法见表 6-4。

表 6-4　常见编辑命令的按钮、功能以及编辑简单图形的方法

按钮/命令/功能	操作实例
Erase 删除	命令:_erase↵ 选择对象:(选取虚线) 选择对象:↵或右键
Copy 复制	命令:_copy↵ 选择对象:(选取圆) 选择对象:↵或右键 指定基点或[位移(D)/模式(O)]<位移>:(捕捉圆心) 指定第二个点或<使用第一个点作为位移>:(捕捉十字中心点)
Mirror 镜像	命令:_mirror↵ 选择对象:(选取圆) 选择对象:↵或右键 指定镜像线的第一点:(捕捉直线上端点) 指定镜像线的第二点:(捕捉直线下端点) 要删除源对象吗?[是(Y)/否(N)]<N>:↵
Offset 偏移	命令:_offset↵ 指定偏移距离或[通过(T)/删除(E)/图层(L)]<2.0000>:↵或输入数值 选择要偏移的对象,或[退出(E)/放弃(U)]<退出>:(选取圆) 指定要偏移的那一侧上的点,或[退出(E)/多个(M)/放弃(U)]<退出>:(单击圆的外侧)
Move 移动	命令:_move↵ 选择对象:(选取圆) 选择对象:↵或右键 指定基点或[位移(D)]<位移>:(捕捉圆心) 指定第二个点或<使用第一个点作为位移>:(捕捉右侧十字中心点)
Rotate 旋转	命令:_rotate↵ 选择对象:(全部框选) 选择对象:↵或右键 指定基点:(捕捉圆心) 指定旋转角度,或[复制(C)/参照(R)]<0>:90↵

续上表

按钮/命令/功能	操作实例	
Trim 修剪	命令:_trim↙ 选择剪切边…选择对象或<全部选择>:(选取细实线) 选择对象:↙ 选择要修剪的对象,或按住[Shift]键选择要延伸的对象,或 [栏选(F)/窗交(C)/投影(P)/边(E)/删除(R)/放弃(U)]: (选取直线多余部分)↙	
Extend 延伸	命令:_extend↙ 选择对象或<全部选择>:(选取细实线) 选择对象:↙ 选择要延伸的对象,或按住[Shift]键选择要修剪的对象,或[栏选(F)/窗交(C)/投影(P)/边(E)/放弃(U)]:(选取直线)↙	
Fillet 圆角	命令:_fillet↙ 选择第一个对象或[放弃(U)/多段线(P)/半径(R)/修剪(T)/多个(M)]:r↙ 指定圆角半径<0.0000>:20↙ 选择第一个对象或[放弃(U)/多段线(P)/半径(R)/修剪(T)/多个(M)]:(选取左边线)(如果图形为多段线,则输入 p↙) 选择第二个对象:(选取右边线)	

3. 夹点编辑功能

AutoCAD 在图形对象上定义了一些控制点,称为夹点,在图形被选中状态下显示出来,如图 6-18 所示。用鼠标拖动夹点可以对图形进行拉伸、移动、旋转、缩放等编辑。

4. 修改对象特性

(1)直接修改特性:选中图形对象,单击标准工具栏中的"特性"按钮,或者在选中的图形上右击选择"特性"命令,弹出"特性"选项卡,在这里可方便修改和设置图形的各种属性。选项卡的内容根据所选择的图形对象而有所不同,直线的特性选项卡如图 6-19 所示。

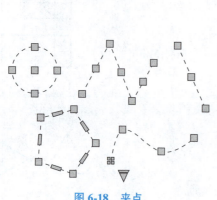

图 6-18 夹点

图 6-19 直线的特性选项卡

(2)特性匹配:将选定对象的特性复制到其他对象上,使后者的特性得以改变。单击"标准"工具栏中的"特性匹配"按钮可激活该命令,可复制的图形特性包括颜色、线型、图层、线型比例、线宽等。具体操作过程:单击命令按钮→选择源对象→选择要匹配的对象。

6.3 绘图实例

6.3.1 平面图形绘制

例6-2 完成图6-20所示平面图形绘制实例1,并标注尺寸,保存为 LX1.dwg 文件。

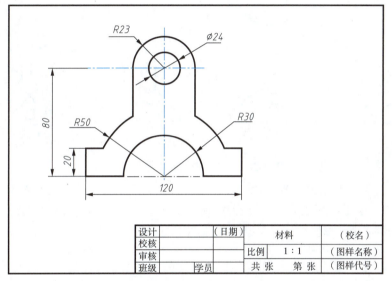

图6-20 平面图形绘制实例1

1. **调用 A4.dwt 样板图,创建 LX1.dwg 为当前图形文件**

单击"新建"按钮,在"选择样板"列表框中选择 A4.dwt 文件。单击"保存"按钮,在弹出的对话框中,将文件命名为 LX1,文件类型为"*.dwg",单击"保存"按钮,进入 LX1.dwg 图形文件的绘图状态。

2. **平面图形实例1的绘制步骤**

(1)单击"点画线"层为当前层,状态栏中"正交"按钮为激活模式,用"直线"命令绘制 ϕ24 圆孔的中心线。中心线位置不必输入具体坐标值,只需在图幅的适当位置单击选定即可。图形最下方水平基准线的绘制,可使用"偏移"命令,给定偏移距离80,并将"偏移"来的"点画线"转换为"粗实线"层的线段,如图6-21(a)所示。

(2)单击"粗实线"层为当前层,激活"对象捕捉"模式,使用"圆"命令,用捕捉方式确定圆心,按命令提示区的提示输入半径值,分别绘制 R50、R30、R23、R12 四个圆,如图6-21(b)所示;使用"修剪"命令,以线段12和与其相交的小圆为剪切边,修剪多余线段和圆弧,并在下方补画中心线,如图6-21(c)所示。

(3)使用"偏移"命令,绘制与水平直线平行且相距为20的直线及与竖直中心线平行且相距为60的两条平行线(平行线相距120),如图6-21(d)所示。使用"修剪"命令,选择线段12、34和圆弧

56为剪切边,修剪掉多余线段,并将左右线段转到粗实线层,如图6-21(e)所示。

(4)激活"正交""对象捕捉"模式,使用"直线"命令,捕捉3点为直线的起点,垂直向下画直线并与半径为R50的圆相交,同样方法绘制对称的直线,如图6-21(f)所示。使用"修剪"命令,选择线段34、56及大圆弧为剪切边,修剪掉多余线段和圆弧,完成平面图形,如图6-21(g)所示。

(5)单击"尺寸"层为当前层,标注图形尺寸。标注线性尺寸时,须激活"对象捕捉"模式,捕捉尺寸标注的起始、终止点。标注并调整好尺寸位置,如图6-21(h)所示。

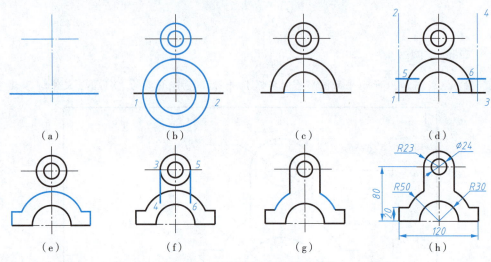

图6-21 平面图形实例1绘制步骤

绘制图形时,要避免使用"绝对坐标"绘制图线。充分利用图形元素间的相对位置关系,灵活运用绘图命令和辅助绘图工具,将简化绘图步骤,提高绘图效率。绘制任一图形的方法步骤是多种多样的,需要在实践中不断地积累经验,掌握绘制平面图形的方法和技巧。

例6-3 完成图6-22所示平面图形绘制实例2,并标注尺寸,保存为LX2.dwg文件。

视频
例6-3

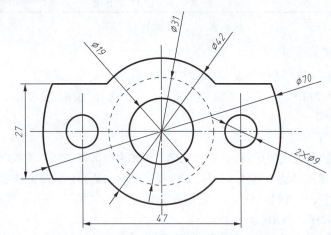

图6-22 平面图形绘制实例2

1. 平面图形实例2的绘制步骤

(1)单击"点画线"层为当前层,状态栏中"正交"按钮为激活模式,用"直线"命令绘制ϕ19圆孔的中心线。中心线位置不必输入具体坐标值,只需要在图幅的适当位置用单击选定即可,如图6-23(a)所示。

(2) 单击"粗实线"层为当前层,激活"对象捕捉"模式,使用"圆"命令,用捕捉方式确定圆心,按命令提示区的提示输入半径值,分别绘制 $R35$、$R21$、$R15.5$、$R9.5$ 四个圆,并将"$\phi 31$ 圆""粗实线"层转换为"虚线"层,如图 6-23(b)所示。

(3) 使用"偏移"命令,绘制与水平直线平行且上下相距为 13.5 的直线及与竖直中心线平行且左右相距为 23.5 的两条平行线(平行线相距 47),如图 6-23(c)所示。

(4) 使用"修剪"命令,选择线段和圆弧为剪切边界,修剪掉多余线段,并将上下线段转到粗实线层,如图 6-23(d)所示。

(5) 使用"圆"命令,用捕捉方式确定圆心,按命令提示区的提示输入半径值 4.5,绘制左右两个小圆,如图 6-23(e)所示。

(6) 单击"尺寸"层为当前层,标注图形尺寸。标注线性尺寸时,须激活"对象捕捉"模式,捕捉尺寸标注的起始、终止点。标注并调整好尺寸位置,如图 6-23(f)所示。

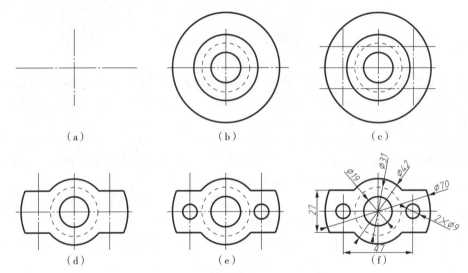

图 6-23 平面图形绘实例 2 的绘制步骤

6.3.2 三视图绘制

例6-4 绘制图 6-24 所示的组合体三视图实例 1,并标注尺寸,保存为 LX3.dwg 文件。

1. 调用样板图
调用 A4 样板图,创建 LX3.dwg 为当前图形文件。

2. 绘制三视图实例 1 的步骤
在绘图过程中注意图层的转换,不同线型的绘制要在相对应的图层中绘制。

(1) 绘制视图基准线。激活"正交"模式,在图中适当位置绘制主视图中的对称中心线及俯、左视图中圆柱轴线的投影,如图 6-25(a)所示。

(2) 如图 6-25(b)所示,使用"圆"命令,捕捉中心线的交点确定圆心位置,绘制出 $\phi 16$、$\phi 26$ 两个同心圆;使用"偏移"命令,给定偏移距离 19,画出水平基准线 12 和 56;选择适当位置,绘制宽度方向基准线 34、57。

(3) 如图 6-25(c)所示,使用"直线"命令绘制 12、34、56、78 线段,俯、左视图中小圆孔的投影以及左视图中大圆柱最上轮廓线,激活"正交""对象捕捉""对象追踪"模式,确保"长对正、高平齐"的投影对应关系;使用"偏移"命令,给定偏移距离 43,绘出底板左侧定位线。

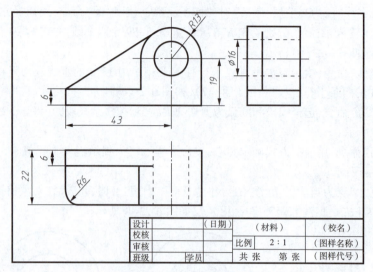

图 6-24　绘制三视图实例 1

(4) 如图 6-25(d) 所示，使用"偏移"命令，分别给定偏移距离 22、6，绘制底板三面投影线段 12、45、89、67；也可以通过捕捉 2、3 两点测量偏移距离值，来确定侧面投影线段 67 的位置；使用"修剪"命令，修剪掉多余的白线，如图 6-25(e) 所示。

(5) 如图 6-25(f) 所示，取消"正交"模式，在"对象捕捉"模式设置中选中"相切"选项，用"直线"命令绘制肋板的正面投影 12。捕捉点 1 作为直线的起点，将鼠标靠近大圆弧捕捉切点完成直线；用"偏移"命令，给定偏移距离 6，绘制肋板的水平和侧面投影。

(6) 如图 6-25(g) 所示，激活"正交"模式，通过捕捉切点 2 绘制正交直线，确定肋板水平和侧面投影位置 34、56，并利用"修剪"命令修剪掉多余的作图线。

(7) 如图 6-25(h) 所示，使用"倒圆角"命令，按命令提示区的提示，设置半径值 6 完成底板圆角绘制。

(8) 用"缩放"命令将三视图整体放大 2 倍，调整图形间距，使其位于合适的位置，将尺寸标注样式中的"测量比例因子"改为 0.5，按要求标注尺寸，完成组合体三视图的绘制，如图 6-25(i) 所示。

绘制组合体三视图的关键是在平面图形绘制的基础上，保证各视图间的投影对应关系：长对正、高平齐、宽相等。为此作图时要反复用到 AutoCAD 提供的如下辅助工具：

(1) 正交模式：通过水平线、竖直线的绘制，辅助控制图形满足"长对正、高平齐"的投影对应关系。

(2) 对象捕捉：通过捕捉端点、中点、圆心、切点等，保证用鼠标定点的准确性。

(3) 对象追踪：利用推理线，配合"对象捕捉"可确保三视图间"长对正、高平齐"的投影对应关系。

此外，也常常应用"偏移"命令中的测量偏移距离值的方法，来保证俯、左视图间的"宽相等"投影对应关系。

例 6-5　绘制图 6-26 所示的组合体三视图实例 2，并标注尺寸，保存为 LX4.dwg 文件。

1. 调用样板图

调用 A4 样板图，创建 LX4.dwg 为当前图形文件。

2. 绘制三视图实例 2 的步骤

在绘图过程中注意图层的转换，不同线型要在相对应的图层中绘制。

(1) 用"矩形"命令，在绘图区单击确定矩形的左下角点，再输入"46,8"，表示矩形的长和高，完成底板主视图的绘制。用直线命令，单击"1 点"输入 26，向下画 12 辅助线，用矩形命令，单击"2 点"

第6章 二维计算机工程图的绘制

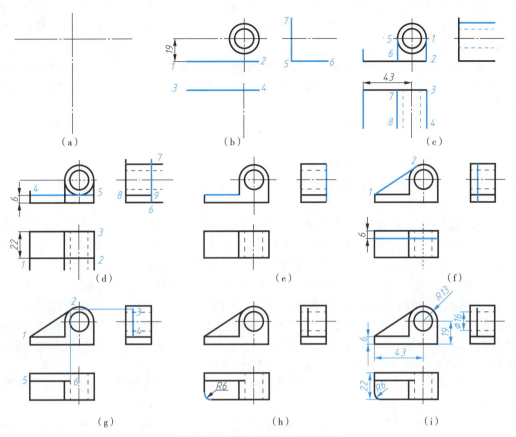

图 6-25 三视图实例 1 绘制步骤

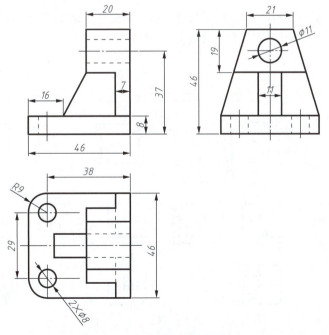

图 6-26 绘制三视图实例 2

视频

例6-5

输入"-46,-46",因为是"2 点"是俯视图矩形的右上角点,向左下角画矩形,所以输入的长度和宽度都为负数。用直线命令,单击"1 点"输入40,向右画13辅助线,用矩形命令单击"3 点",输入"46,8"画左视图的矩形,如图 6-27(a)所示。

(2)删除 12 和 13 两条辅助线,单击"圆角"按钮,输入 R,按【Enter】键,再输入 9,按【Enter】键,再输入 M,表示同时绘制半径为 9 的多个圆角,依次单击俯视图中的 42 和 45、45 和 56 直线,完成圆角绘制,如图 6-27(b)所示。

(3)单击"点画线"层为当前层,激活"对象捕捉"模式,用"直线"捕捉到 26 线段的中点,绘制俯视图的中心线,再次捕捉 37 线段的中点,绘制左视图的中心线。用"偏移"命令,输入 86,向上移动鼠标,将俯视图的中心线偏移到主视图上,如图 6-27(c)所示。

(4)单击"粗实线"层为当前层,用直线命令单击 8 点,输入 11.5,38,按【Enter】键,再向右移动鼠标输入 21 按【Enter】键,绘制水平直线,再单击 12 点,完成左视图梯形绘制。用"直线"命令单击 1 点向上移动鼠标,输入 46,按【Enter】键,再向左移动鼠标,输入 20,按【Enter】键,再向下移动鼠标,输入 19,按【Enter】键,再向右移动鼠标,输入 13,按【Enter】键,向下移动主鼠标封闭轮廓,用"直线"命令单击 9 点,向右移动鼠标,捕捉左视图中两斜线的中点,绘制 ab 线段,如图 6-27(d)所示。

(5)删除 9a 这条辅助线,选中俯视图中的矩形,单击"分解"按钮,将矩形分解成线段。使用"偏移"命令,绘制与 26 线段平行且在其左侧分别相距 7 和 20 的两线段。测量 ab 线段的长为 34 mm,为了保证宽相等,再次使用"偏移"命令,绘制与水平轴线平行且相距轴线都为 17 mm 的两条平行线及相距轴线都为 10.5 mm 的两条平行线(平行线相距 21),再次使用"偏移"命令,在左视图中绘制与竖直轴线平行且相距轴线都为 5.5 mm 的两条平行线,如图 6-23(e)所示。

(6)使用"修剪"命令,修剪掉多余的图线,并将相关"点画线"转换为"粗实线"层的线段,如图 6-27(f)所示。

(7)再次用偏移和修剪命令绘制出俯视图的筋板,选用直线命令,单击"c 点",确保与主视图"长对正:绘制出主视图中的斜线段。单击"虚线"层为当前层,用直线命令绘制出俯视图中的虚线,如图 6-27(g)所示。

(8)单击"尺寸"层为当前层,标注图形尺寸。标注线性尺寸时,须激活"对象捕捉"模式,捕捉尺寸标注的起始、终止点。标注并调整好尺寸位置,如图 6-27(h)所示。

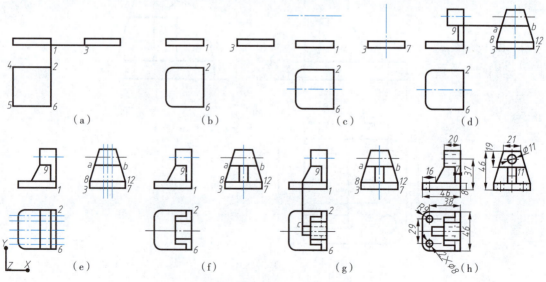

图 6-27 三视图实例 2 绘制步骤

6.4 零件图的绘制

绘制零件图时,要做好绘图前的准备工作。调用已设置好的样板文件,建立一个适合绘制零件机械图样的绘图环境。根据零件的结构特点,确定表达方案,确定绘图比例。

计算机绘制零件表达图与绘制组合体三视图的主要区别是增加了零件的各种表达方法和技术要求等内容,因此在掌握常用的基本绘图和编辑命令基础上,还要熟练掌握图案填充及尺寸公差、几何公差、表面结构符号等标注方法。

6.4.1 剖面图案填充

选择菜单栏中的"绘图"→"图案填充"命令或单击"绘图"工具栏中的"图案填充"按钮,则功能区显示"图案填充"选项卡,如图6-28所示。机械零件图的剖面线通常选择ANSI31图案,图案的角度为0时表示剖面线向右倾斜45°,比例值可依图形大小来设置,拾取点和拾取边界对象的填充效果如图6-29所示。

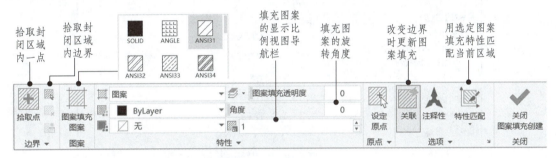

图6-28 "图案填充"选项卡

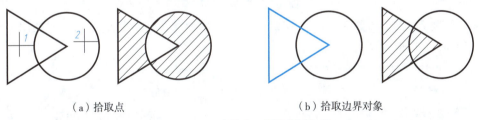

(a)拾取点　　　　　　　　　　(b)拾取边界对象

图6-29 "图案填充"边界选择方式

6.4.2 尺寸公差标注

常见的尺寸公差标注形式如图6-30所示,其中$\phi 24_{-0.020}^{-0.007}$的上极限偏差-0.007和下极限偏差-0.020可在"标注样式管理器"对话框中进行设置。选择菜单栏中的"格式"→"标注样式"命令或单击"样式"工具栏中的"标注样式"按钮,新建"公差标注"样式,在"公差"选项卡中按要求设置"公差格式"中的各参数值,系统默认的下偏差为负数,上偏差为正数,如图6-31所示。此种尺寸公差设置方式,适用于零件图中多处使用同一种公差的情况。

也可以选中尺寸线,单击"标准"工具栏中的"特性"按钮,在"特性"对话框的"公差"选项卡中设置尺寸公差形式,如图6-32(a)所示。图6-30(b)所示为$\phi 24H7$的尺寸公差,可直接在"特性"对话框的"文字"选项卡中的"文字替代"行输入"%%c<>H7"完成(AutoCAD中"%%c"可显示为符

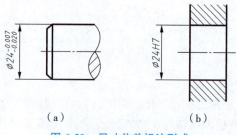

图 6-30　尺寸公差标注形式

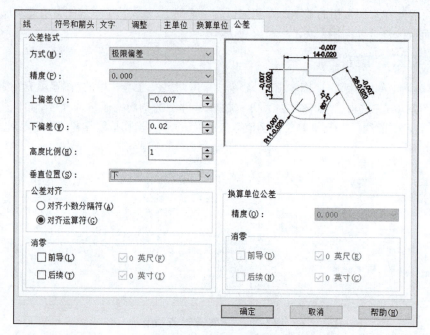

图 6-31　"公差"选项卡

号∅,"<>"可显示为测量的数字),如图 6-32(b)所示。此种尺寸公差设置方式,通常适用于多处带有不同公差的尺寸标注情况。

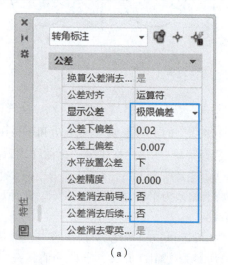
　　　　(a)
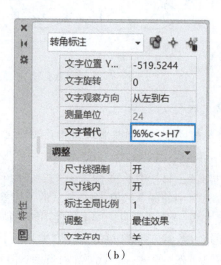
　　　　(b)

图 6-32　尺寸线"特性"选项卡

6.4.3 几何公差标注

常见的几何公差标注符号如图 6-33 所示,包括公差框格、指引线和基准符号的标注。

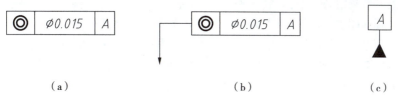

图 6-33 几何公差和表面结构符号

公差框格的标注可选择菜单栏中的"标注"→"公差"命令,或者单击"标注"工具栏中的"公差"按钮 ,可打开"形位公差"对话框(软件中的"形位公差"同"几何公差"),如图 6-34 所示。按要求设置各参数值,可绘制出如图 6-33(a)所示的几何公差框格。指引线可用"多段线"或"多重引线"命令绘制,此种方法能对引线的形状进行非常具体的设置。

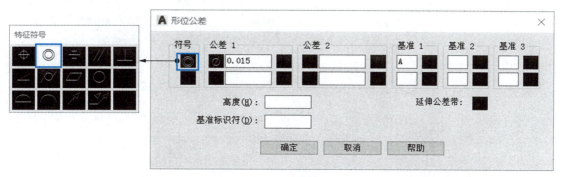

图 6-34 "形位公差"对话框

常见的几何公差标注用"快速引线"命令会更加快捷。在命令提示区输入命令 qleader,然后输入 S,弹出"引线设置"对话框,如图 6-35 所示。其中"注释"选项卡中设置为"公差","引线和箭头"选项卡中"引线"选择"直线","箭头"选择"实心闭合","点数"选择 3,单击"确定"按钮切换到界面绘图区,用光标拾取指引线的起点、拐点和终点后,弹出上述的"形位公差"对话框,设置各参数值,可绘制出如图 6-33(b)中所示的带引线的几何公差。

对于基准符号的标注,可采用图块制作方法(详见表面结构符号的标注)将其制作为块,见图 6-33(c),再将"基准符号"图形以块的形式载入图形中按要求标注。

 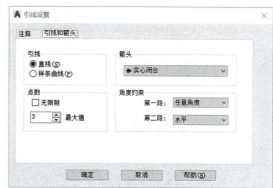

图 6-35 "引线设置"对话框

6.4.4 表面结构符号标注

常见的表面结构符号如图 6-36 所示,一般采用"图块"的形式进行操作。图块是将图中需要反复使用的图形及其信息组合起来,并赋予名称的一个整体。需要时,可将一个图块整体以一个任意比例或旋转角度插入图中,可以避免大量的重复工作,提高绘图效率。

首先绘制表面结构符号的图形,单击"绘图"工具栏中的"创建块"按钮 ,将其命名为"表面结构",设置基点(拾取表面结构符号的尖端),再选择图形对象(框选整个表面结构符号图形)单击"确定"按钮完成"粗糙度"块属性的定义,如图 6-36 所示。

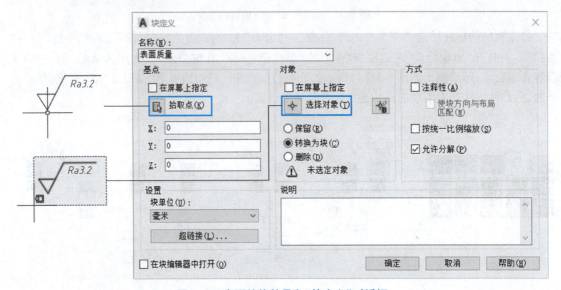

图 6-36 表面结构符号和"块定义"对话框

标注表面结构符号时,单击"绘图"工具栏中的"插入块"按钮 ,弹出如图 6-37 所示的对话框,已建立好的图块会显示出来。选中"插入点",设置缩放比例和旋转角度,再单击图块标识,在绘图区拾取插入点,便可将"表面结构"图形以块的形式载入图中,如图 6-37 所示。若选中"旋转"复选框,则插入图块时,图块可以跟随光标旋转,可以更加灵活地设置载入角度。

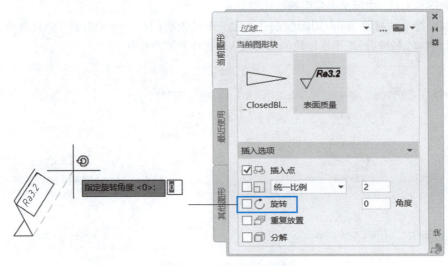

图 6-37 "插入块"对话框

AutoCAD 中复制和粘贴功能也同样可以实现表面质量符号的重复使用,可代替简单的块操作。通常块的操作,不只为了表面质量符号和基准符号创建方便,也常用在将一些特殊图形或常用图形以块的形式保存,建成图形库,便于每次绘图时调用,保证绘图效率、质量和统一性。

AutoCAD 作为交互绘图软件,通过人机对话方式直接绘出零件图的方法,简单易学且适用于各类零件的绘制,因而在实际中得到广泛应用,成为工程界公认的规范和标准。

例6-6 绘制图 6-38 所示的零件图图样,并进行标注,保存为 LX5.dwg 文件。

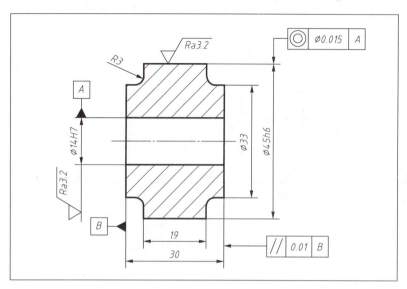

图 6-38 零件图图样绘制

作图步骤:

注意在绘图过程中的图层转换,不同线型的绘制要在相对应的图层中绘制。

(1)调用 A4 样板图,创建 LX5.dwg 为当前图形文件。

(2)用前述绘图方法绘制该图样的图形部分,注意图形的封闭性,如图 6-39a 所示。使用"图案填充"命令,"拾取点"1 和 2,"填充图案"选择 ANSI31,"角度"为 0,得到图 6-39(b)。

(3)标注全部尺寸之后,选中 ϕ14 并激活其"特性"对话框,在"主单位""标注后缀"中输入 H7,可得 ϕ14H7 尺寸公差标注,再用同样方法得到 ϕ46h6 标注,如图 6-39(c)所示。

(4)绘制图 6-39(d)中的两个图形,并分别创建图块。全部选中图 Ⅰ,使用"创建块"命令,基点选择最下方尖点,命名为"表面质量";用同样方法将图 Ⅱ 定义为图块"基准",基点选择三角形下边线的中点。

(5)用"直线"命令在 ϕ14H7 的尺寸线下方画出延长线。使用"插入块",选中"表面质量"图形块,选中"插入点",在图样上方轮廓线上拾取合适位置插入第一个表面质量符号,再选中"旋转"复选框,拾取 ϕ14H7 尺寸线延长线上的一点,将第二个表面质量符号旋转 90°插入。用同样方法插入两个"基准"图形块,用"多行文字"命令在两个"基准"块方框中填入字母 A 和 B,如图 6-39(e)所示。

(6)在命令行输入"qleader√""s√","注释"选项卡中设置为"公差","引线和箭头"选项卡中选择"直线",箭头"实心闭合","点数"为 3,单击"确定"按钮,用光标拾取同轴度几何公差指引线的起点、拐点和终点后,在弹出的"形位公差"对话框中,设置同轴度符号、公差 1 为 ϕ0.015,基准 1 为 A,可绘制出同轴度几何公差;同样方法,将"点数"改为 2,修改其他参数,可绘制出平行度几何公差,如图 6-39f 所示,完成该图样的绘制和标注。

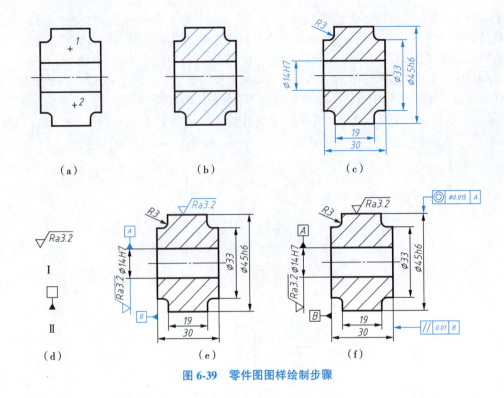

图 6-39 零件图图样绘制步骤

6.5 装配图的绘制

6.5.1 装配图的作用

一台机器或一个部件都是由许多零件按一定的装配关系和技术要求装配而成的。表达机器或部件的组成及装配关系的图样称为装配图。装配图是了解机器或部件的工作原理和功能结构的技术文件,是进行装配、检验、安装、调试和维修的重要依据。

在产品设计中,一般先绘制装配图,然后再根据装配图完成零件的设计及绘图;在产品制造中,机器或部件的装配工作,都必须根据装配图来进行;使用和维修机器时,也往往需要通过装配图了解机器的构造。

6.5.2 装配图的内容

图 6-40 所示千斤顶的装配图,具体包含以下内容:

1. 一组图形

正确、完整、清晰地表达机器或部件的组成,零件之间的相对位置关系、连接关系、装配关系、工作原理及其主要零件的结构形状的一组视图。

2. 必要的尺寸

用来表示零件间的配合、零部件安装、机器或部件的性能、规格、关键零件间的相对位置以及机器的总体大小。

3. 技术要求

用来说明机器或部件在装配、安装、检验、维修及使用方面的要求。

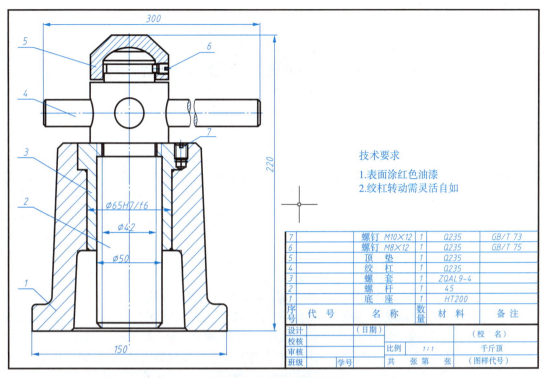

图 6-40 千斤顶装配图

4. 零件的序号、明细栏和标题栏

序号与明细栏的配合说明了零件的名称、数量、材料、规格等。在标题栏中填写部件名称、数量及生产组织和管理工作需要的内容。

6.5.3 用 AutoCAD 绘制装配图

AutoCAD 没有提供绘制装配图的专用命令,只要掌握了机械工程图样识绘知识和 AutoCAD 绘图方法就可以绘制装配图。

绘制装配图主要有两种方法:一是直接绘制装配图,此方法类似传统的绘制装配图的顺序,即依次绘制各组成零件在装配图中的投影;二是采用拼装法绘制装配图,即先绘制出零件图,再将每个零件复制到装配图中进行拼装,最后修剪掉装配后被遮挡的图线。本节主要介绍采用拼装法绘制装配图,其操作过程如下:

1. 设置绘制环境

在绘图前应当进行必要的设置,如设置绘图单位、图幅大小、图层线型、线宽、颜色、字体格式和尺寸格式等,尽量选择 1∶1 的比例。

2. 根据零件草图、装配示意图绘制各零件图

可以按【Ctrl+C】组合键将零件图直接复制到装配图中,也可以将每个零件以块形式保存,使用"外部块"命令插入装配图中。

3. 绘制装配干线

绘制装配图要以装配干线为单元进行拼装(如果装配图中有多条装配干线,则先拼装主要装配干线,再拼装次要装配干线)。相应视图按投影规律一起进行绘制。同一装配干线上的零件要按实际装配关系确定拼装顺序。若直接拼装,插入后,需要剪断不可见的线段;若以块插入零件,则使用"修剪"命令前,先分解插入的块再进行剪切。

4. 检查

根据零件之间的装配关系,检查各零件的尺寸是否有干涉现象。

5. 标准化图纸

根据需要对图形进行缩放、布局排版,然后根据具体尺寸样式标注尺寸,最后完成标题栏和明细表的填写,完成装配图的绘制。

例6-7 绘制图6-40所示的千斤顶装配图。

1. 分析千斤顶工作原理

螺旋千斤顶由底座、螺套、螺杆、绞杠、顶垫等零件组成,是由人力通过螺旋副传动来顶举重物的起重工具。当操作者转动绞杠使螺杆在固定螺套中转动时,螺杆的旋转运动转变为上下直线运动,顶起或降下重物。螺杆头部的圆球面上套装顶垫,既保证顶起重物时受力向心,也使螺杆旋转时,螺杆和顶垫的球面之间产生摩擦,保证不损伤重物表面。

2. 分析图形特点,确定绘制过程

千斤顶由底座、螺杆、螺套、顶垫、绞杠及两种标准螺钉七个零件组成,按照规定的位置要求组装在一起,绘制装配图中的零件编号,编写零件明细表。

图形绘制总体过程:创建新文件图形,命名为"千斤顶装配图.dwg"。然后分别复制五张零件图需要装配在一起的视图部分,将零件粘贴到"千斤顶装配图.dwg"中。由于螺钉为标准件,不需要绘制零件图,因此查找技术文件绘制螺钉M8×12、螺钉M10×12在装配图中所需要的图形,按照规定的位置要求装配在一起,并删除多余的线条,为每个零件编号,编写零件明细表。所使用的命令有"复制""粘贴""移动""删除"等。

3. 操作步骤

(1)绘制千斤顶的零件图并保存好,如图6-41和图6-42所示。
(2)创建新图形文件,文件命名为"千斤顶装配图.dwg"。
(3)选择样板图。根据装配图尺寸,按1:1的比例绘制,选择A2样板图。
(4)复制"底座"零件图,粘贴在装配图中,删除尺寸和剖面线等多余的线段,如图6-43所示。

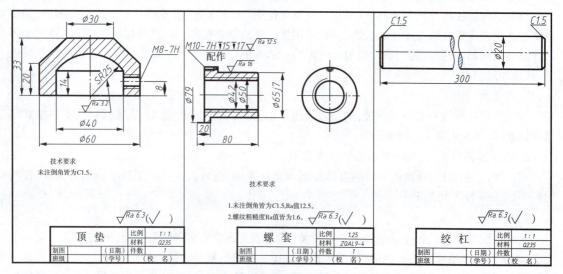

图6-41 千斤顶零件图(一)

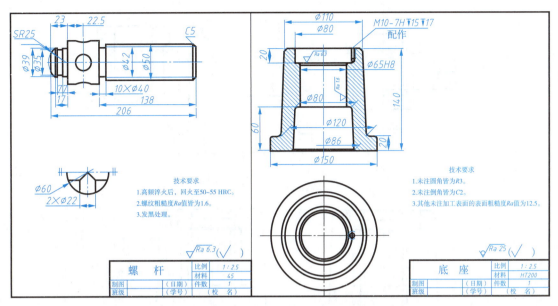

图 6-42 千斤顶零件图(二)

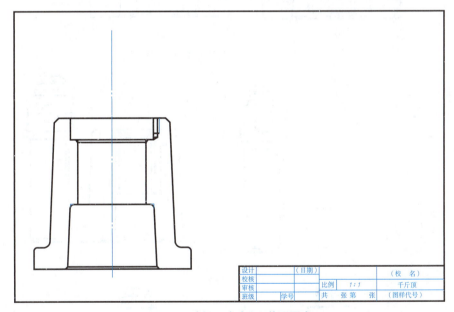

图 6-43 插入"底座"至装配图中

(5)复制"螺套"零件图粘贴到装配图中,删除尺寸和剖面线,运用"旋转"命令,把螺套旋转270°至轴线竖直,如图6-44(a)所示。运用"移动"命令将螺套移动至底座旁边,如图6-44(b)所示。选择螺套上的"2点"为基点,移动螺套与底座上的"1点"重合,如图6-44(c)所示。删除被遮挡的图线,完成底座与螺套的装配,如图6-44(d)所示。

(6)复制"螺杆"零件图粘贴到装配图中,删除尺寸等多余标注,运用"旋转"命令,把螺套旋转270°至轴线竖直,如图6-45(a)所示。运用"移动"命令将螺杆移动至底座旁边,如图6-45(b)所示。选择螺杆上的"3点"为基点,移动螺杆与底座上的"1点"重合,如图6-45(c)所示。删除被遮挡的图线,完成底座与螺杆的装配,如图6-45(d)所示。

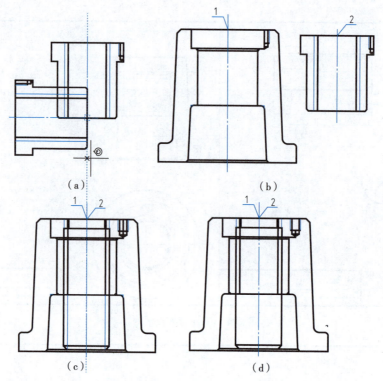

图 6-44 插入"螺套"至装配图中

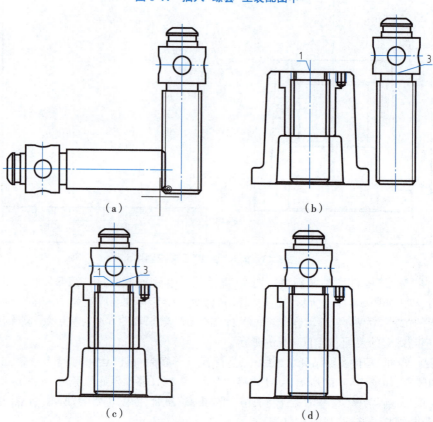

图 6-45 插入"螺杆"至装配图中

(7) 复制"绞杠"零件图粘贴到装配图中,删除尺寸等多余标注,如图 6-46(a) 所示。运用"移动"命令将绞杠移动至螺杆上面,选择绞杠上的"5 点"为基点,移动绞杠与螺杆上的"4 点"重合,删除被遮挡的图线,完成绞杠的装配,如图 6-46(b) 所示。

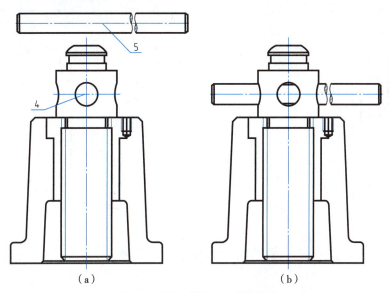

图 6-46 插入"绞杠"至装配图中

(8) 复制"顶垫"零件图粘贴到装配图中,删除尺寸等多余标注和剖面线,如图 6-47a 所示。运用"移动"命令将绞杠移动至螺杆上边,选择顶垫上的 6 点为基点,移动绞杠与螺杆上的 7 点重合,删除被遮挡的图线,完成顶垫的装配,如图 6-47(b) 所示。

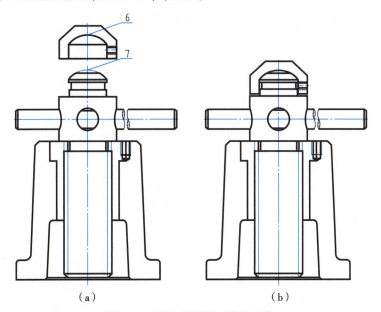

图 6-47 插入"顶垫"至装配图中

(9) 查阅技术文件,绘制装配图中的螺钉,如图 6-48(a) 所示,然后运用"填充"命令绘制剖面线,如图 6-48(b) 所示。

(10) 运用"多重引线"命令完成序号编写,绘制明细栏,填写标题栏与明细栏,标注尺寸,运用"移动"命令合理布局图形,完成千斤顶装配图的绘制,见图 6-40。

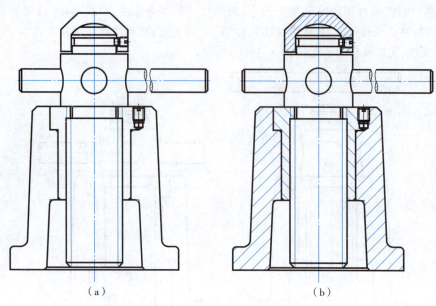

图 6-48 绘制螺钉,填充剖面线

第 7 章

计算机三维到二维
工程图的转化

随着计算机技术的不断发展,三维建模已经成为工程设计和制造领域的重要工具。然而,在许多实际应用中,仍需要将三维模型转化为二维工程图,以便更好地进行生产、加工和安装。因此,计算机三维到二维工程图的转化技术具有重要意义。由零件模型创建工程图是 SolidWorks 软件的主要功能之一。所生成的投影图与零件模型是关联的,即对零件模型的任何修改,都会自动反映到投影图中。本章主要介绍用 SolidWorks 软件生成各种表达图的方法和典型零件工程图的生成实例。

7.1 用计算机生成投影图

由零件模型创建工程图是 SolidWorks 软件的主要功能之一。所生成的投影图与零件模型是关联的,即对零件模型的任何修改,都会自动反映到投影图中。本节主要介绍基本视图的生成方法。

7.1.1 工程图界面简介

运行 SolidWorks 2020,单击"标准"工具栏中的新建按钮,弹出"新建 SOLIDWORKS 文件"对话框(见图 7-1),选择"工程图"进入工程图界面,如图 7-2 所示。

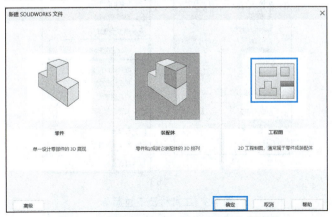

图 7-1 "新建 SOLIDWORKS 文件"对话框

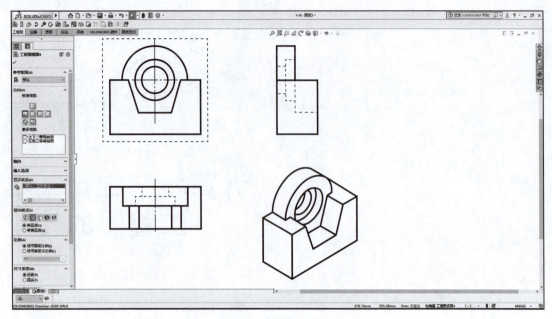

图 7-2　工程图界面

常用的工程图工具栏如图 7-3(a)所示,也可以选择菜单栏中的"插入"→"工程图视图"命令,如图 7-3(b)所示。

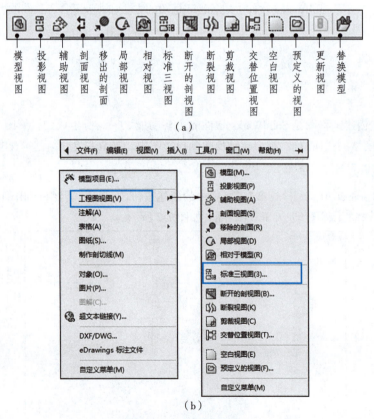

图 7-3　工具栏及下拉菜单

通常从标准视图开始生成工程图,然后再由标准视图派生出其他视图。

7.1.2 生成标准三视图

选择"标准三视图"命令自动生成标准三视图。SolidWorks 系统设置有第一角投影及第三角投影,因此采用自动生成标准三视图时,需要设置图纸属性。如图 7-4 所示,在"图纸属性"对话框中,设置图纸比例为 1∶1,图幅为 420×297(A3),并选择第一角投影。

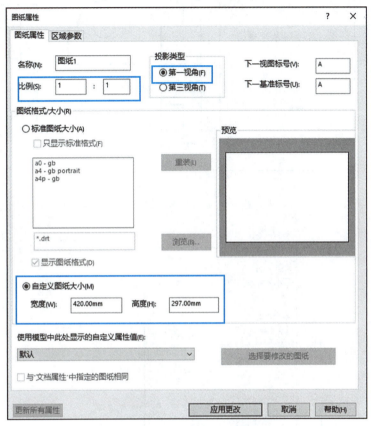

图 7-4 "图纸属性"对话框

图 7-5(a)所示为已有的零件模型,现生成其标准三视图。在工程图状态下,单击"视图"工具栏中的"标准三视图"按钮,在属性管理器中弹出如图 7-5(b)所示对话框。单击"浏览"按钮,到零件模型存放位置选择模型,即在工程图界面产生该模型的标准三视图,如图 7-5(c)所示。

若在图纸属性中,选择投影类型为第三角投影,则生成的标准三视图如图 7-5(d)所示。

7.1.3 生成模型视图

利用"模型视图"按钮 ⊚ 可以灵活地将各种视图插入工程图中。单击"视图"工具栏中的"模型视图"按钮,在属性管理器中出现如图 7-6(a)所示对话框。选择模型后,对话框如图 7-6(b)所示,此时可以任意选择生成该模型的各种视图。图 7-6(c)所示为模型的正等轴测图。

7.1.4 生成投影视图

利用"投影视图"按钮 ⊚ 可以从已有的视图按投影规律派生出其他视图。如图 7-7(a)所示,已知视图由模型视图生成,这里将已知视图作为主视图。单击"视图"工具栏中的"投影视图"按钮,在属性管理器中出现如图 7-7(b)所示对话框,移动鼠标到已知视图的下方,即自动生成与其投影关系相对应的俯视图。同理,也可用投影视图生成左视图,如图 7-7(c)所示。

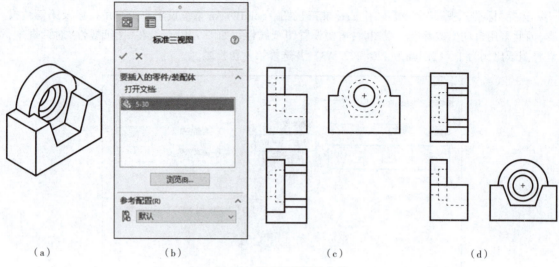

图 7-5　标准三视图的生成

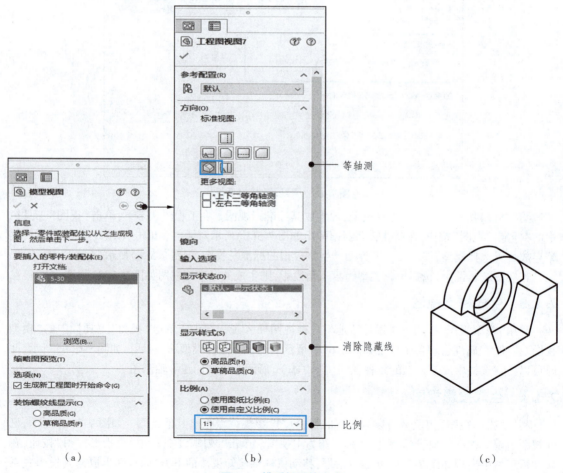

图 7-6　模型视图的生成

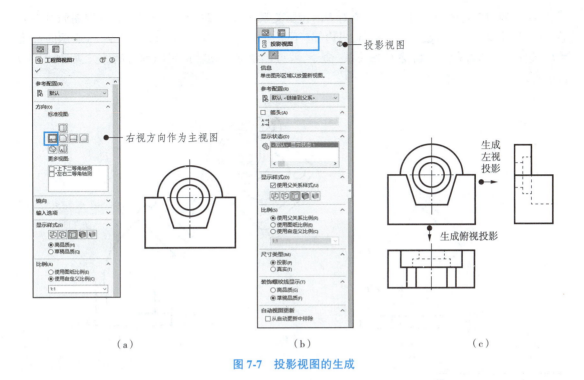

(a) (b) (c)

图 7-7 投影视图的生成

7.2 用计算机生成各种表达图

本节进一步介绍用 SolidWorks 软件生成各种表达图的方法。以图 7-8 所示的弯管为例，说明弯管表达所需各种视图、剖视图的生成过程。

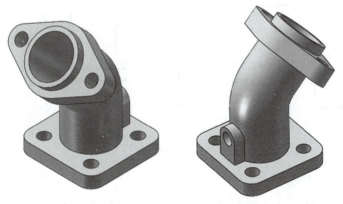

图 7-8 弯管

7.2.1 辅助视图的生成

利用"辅助视图"按钮 表达弯管倾斜部分的结构形状。单击"工程图"工具栏中的"辅助视图"按钮 或选择菜单栏中的"插入"→"工程图视图"→"辅助视图"命令，在已知视图上选取参考边线，如图 7-9(a)所示。移动光标选择适当位置放置视图，生成如图 7-9(b)所示的辅助视图。此时,所生成的辅助视图,与已知视图具有对齐的投影关系。为合理布图,可以解除辅助视图的对齐关系,独立移动视图。其方法是:在视图边界内部(不是在模型上)右击,弹出如图 7-9(c)所示的快捷菜单,选择"视图对齐"→"解除对齐关系"命令,就可以独立移动辅助视图到适当的位置,如图 7-9(d)所示。

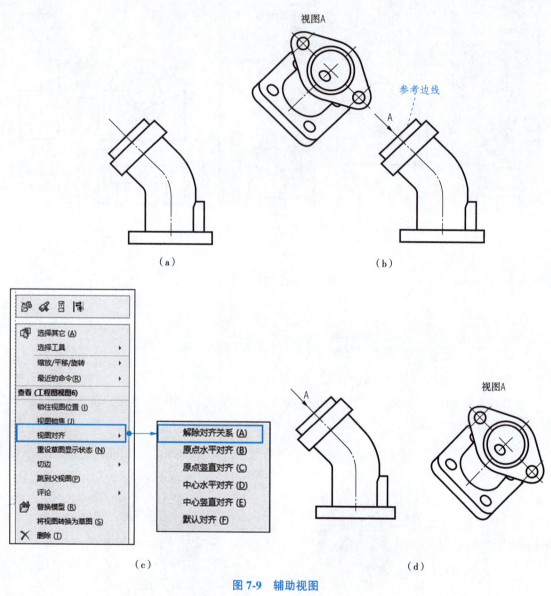

图 7-9 辅助视图

7.2.2 局部视图的生成

利用"局部视图"按钮 可以在已有视图基础上生成局部放大图。单击"局部视图"按钮 或选择菜单栏中的"插入"→"工程图视图"→"局部视图"命令,FeatureManager 设计树中出现如图 7-10a 所示的提示,鼠标呈画圆状态。现有视图需要局部放大的位置绘制一个圆,作为欲放大部分的范围,如图 7-10(b)所示。然后移动鼠标在适当位置单击放置局部视图,如图 7-10(c)所示。

局部放大图上的注释包括字母标号和比例。默认情况下,局部视图不与其他的视图对齐,可以随意在工程图样上移动。放大的比例可以通过改变局部视图的自定义比例来自行修改。

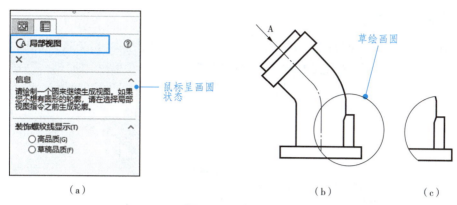

图 7-10 局部视图

7.2.3 裁剪视图的生成

利用"剪裁视图"按钮 剪裁已经生成的视图,得到所需的局部视图。图 7-9 所示的辅助视图,主要用于表达端盖的形状,下部底座是不必表达的。此时可以应用剪裁视图,形成需要的局部视图。

使用样条曲线在辅助视图上绘制封闭轮廓,如图 7-11(a)所示。单击"裁剪视图"按钮,对所生成局部视图中的不必要投影线,可采用选取线段,右击,选择"隐藏边线"命令,再选择如图 7-11(b)所示"裁剪视图"→"移出剪裁视图"命令,生成如图 7-11(c)所示的局部视图。

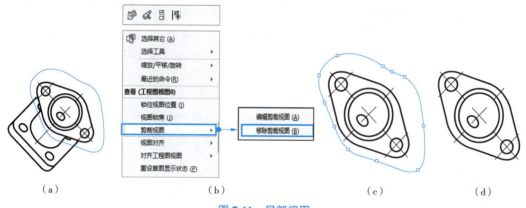

图 7-11 局部视图

右击图 7-11(c)所示的样条线段,直接选择"删除"命令,处理过的局部视图如图 7-11(d)所示。用同样的方法,可生成弯管的局部右视图,表达右侧凸台形状,如图 7-12 所示。

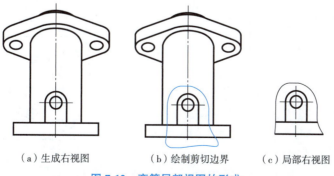

图 7-12 弯管局部视图的形成

7.2.4 剖面视图的生成

利用 SolidWorks 中的"剖面视图"按钮 可以生成用单一剖切平面、相交剖切得到的全剖视图及半剖视图。单击"工程图"工具栏中的"剖面视图"按钮 或选择菜单栏中的"插入"→"工程图视图"→"剖面视图"命令,如图 7-13(a)、(b)所示。选择剖切位置,如图 7-13(c)所示,向下拖动鼠标生成如图 7-13(d)所示的全剖视图。

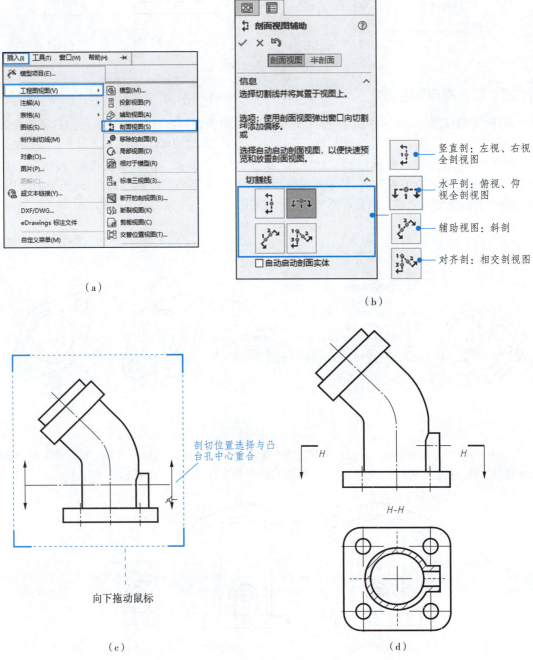

图 7-13 全剖视图

如果剖切线位置不当,可如图 7-14(a)所示,选择剖切线,然后右击,选择"编辑草图"命令,对剖切线进行编辑,剖视图会出现如图 7-14(b)所示的情况,此时应选择"重建模型"命令,即可生成改变剖切位置后的剖视图,如图 7-14(c)所示。

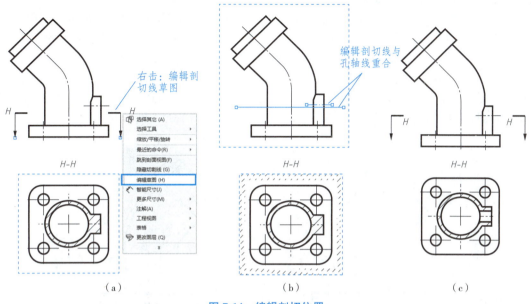

图 7-14 编辑剖切位置

7.2.5 相交剖视图的生成

除了生成上述单一剖切平面剖切的全剖视图以外,SolidWorks 中的"剖面视图"按钮 选项中还提供了"对齐"按钮 ,用以生成用相交的剖切平面剖切得到的全剖视图。

如图 7-15(a)所示的盘类零件,需要用相交剖切平面作剖视表达。单击"工程图"工具栏中的"剖面视图"按钮 ,在窗口选项中单击"对齐"剖切命令按钮 ,或选择菜单栏中的"插入"→"工程图视图"→"剖面视图"命令,在窗口选项中单击"对齐"剖切命令按钮 ,如图 7-15(b)所示绘制剖切位置。移动鼠标时,会显示视图的预览,当视图位于所需的位置时,单击放置视图,如图 7-15(c)所示。

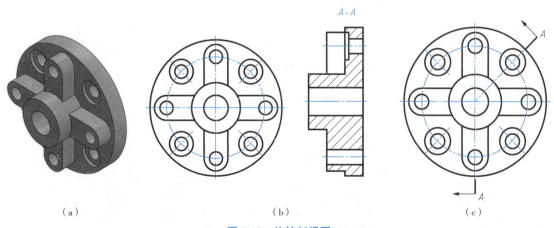

图 7-15 旋转剖视图

7.2.6 断开的剖视图的生成

利用 SolidWorks 中的"断开的剖视图"按钮可以生成已有视图的局部剖视图,剖切范围由闭合的轮廓来指定,通常用样条曲线绘制。

如图 7-16 所示,生成弯管主视图的局部剖视图。单击"工程图"工具栏中的"断开的剖视图"按钮或选择菜单栏中的"插入"→"工程图视图"→"断开的剖视图"命令。草图绘制中的样条曲线工具被自动激活。在弯管主视图上绘制封闭的轮廓定义剖切范围,如图 7-16(a)所示。在属性管理器中选择预览,设置断开的剖视图的深度,此深度以该方向上的最大轮廓来计算。也可通过在相关视图中选择一边线来指定深度。深度合适与否,从预览中可直接观察到。单击"确定"按钮,即得到局部剖视图,如图 7-16(b)所示。

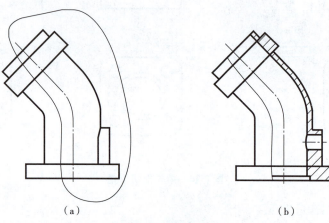

(a)   (b)

图 7-16 局部剖视图

综上所述,应用 SolidWorks 工程图功能,可以从三维实体模型直接生成各种视图及剖视图。弯管工程图如图 7-17 所示。

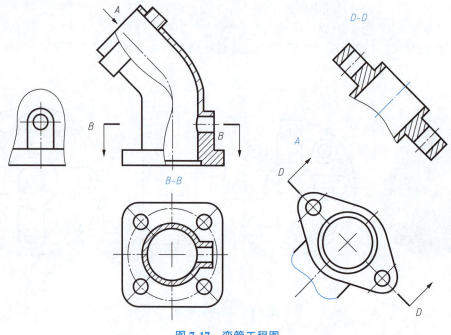

图 7-17 弯管工程图

7.3 典型零件工程图的生成实例

轴类零件的三维模型如图 7-18 所示。本实例将通过对该零件的工程图创建实例,综合利用前面所学的知识,讲述利用 SolidWorks 的工程图功能,创建工程图的一般方法和技巧。

例 7-1 创建图 7-18 所示主轴的工程图。

图 7-18 轴类零件的三维模型

(1) 单击"新建"按钮,弹出"新建 SolidWorks 文件"的对话框,选择"A3 横向",单击"确定"按钮,新建一个工程图文件。

(2) 为了方便生成工程图,在三维模型中先删除真实外螺纹。

(3) 在"工程图"的工具栏中单击模型视图按钮,弹出"模型视图"属性管理器,单击"浏览"按钮,弹出"打开"对话框,选择图 7-18,单击"打开"按钮,建立主视图,如图 7-19 所示。

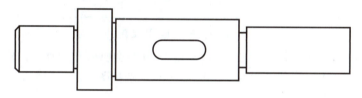

图 7-19 轴的主视图

(4) 单击"注解"工具栏中的"中心线"按钮,弹出"中心线"属性管理器,要手工插入中心线,选择两条边线或选取单一圆柱面、圆锥面、环面或扫描面。本例中在主视图上单击任一圆柱面即可,单击"确定"按钮,如图 7-20 所示。

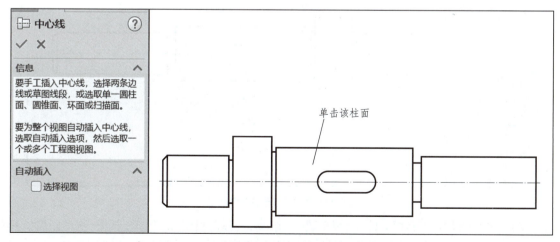

图 7-20 轴的主视图

(5)把鼠标放在工具栏的任意位置,右击,在弹出的快捷菜单中,选择"工具栏"→"工程图"命令,打开"工程图"工具栏,如图 7-21 所示。其他工具栏也可以用这种方法打开。

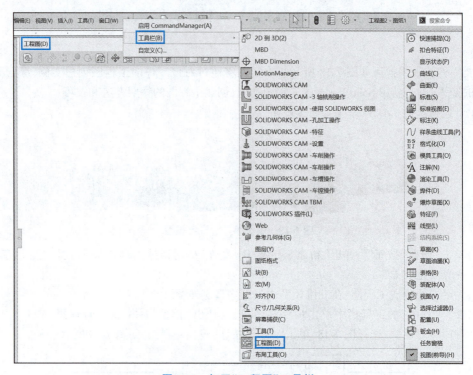

图 7-21　打开"工程图"工具栏

(6)单击"工程图"工具栏中的"移出断面"按钮,在"移出断面"属性管理器的。在"边线"文本框中选择图 7-22 中的"边线 1",在"相对边线"文本框中选择图 7-22 中的"边线 2"。单击"确定"按钮,生成"移出断面"视图。

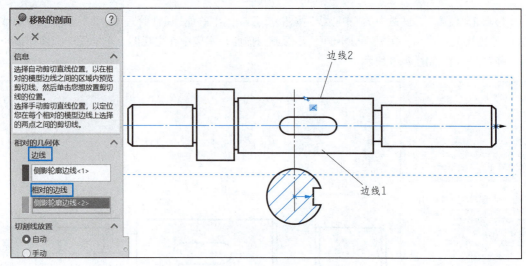

图 7-22　生成"移出断面"视图

(7)单击"工程图"工具栏中的"断裂视图"按钮,选择前视图,出现断裂折线,拖动断裂折线到所需位置,单击,再次拖动断裂折线到另一所需位置,再次单击,生成断裂视图,如图 7-23 所示。

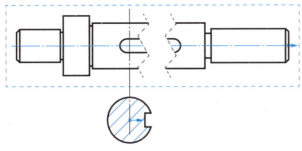

图 7-23　生成断裂视图

(8) 右击移出断面视图,在弹出的快捷菜单中选择"视图对齐"→"解除对齐关系"命令,这样断面视图就与主视图解除了对齐关系,将断面视图移动到主视图下方,单击"注解"工具栏中的"中心符号线"按钮 ⊕,选择"移出断面"视图中的圆,添加中心线如图 7-24 所示。单击"注解"工具栏中的"多转折引线"按钮 ⌇,插入箭头;单击"注解"工具栏中的"注释" A 按钮,添加字母,如图 7-24 所示。

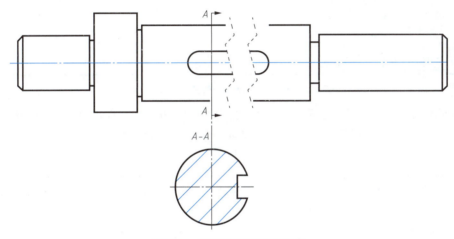

图 7-24　完善"移出断面"视图

(9) 单击"局部视图"按钮 ⓐ,在欲建局部视图的位置绘制圆,显示视图预览框,光标移到所需位置,单击并放置视图,在"使用自定义比例"框中输入 2∶1 比例,如图 7-25 所示。

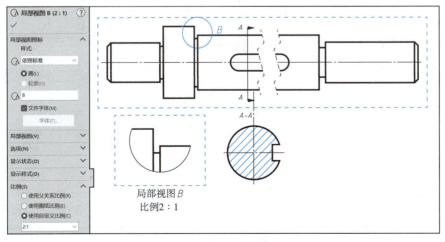

图 7-25　生成局部视图

(10)单击"注解"工具栏中的"装饰螺纹线"按钮,弹出装饰螺纹线属性管理器,选择图中的边线,在绘图区单击"边线1",在"终止条件"下拉列表中选择"形成到下一面"选项,单击"确定"按钮,添加装饰螺纹线,如图 7-26 所示。

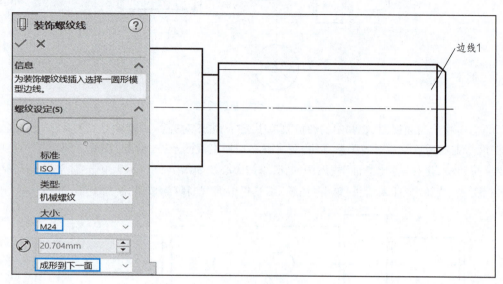

图 7-26　添加装饰螺纹线

(11)复选三个视图,单击"注解"工具栏中的"模型项目"按钮,弹出"模型项目"属性管理器,选择"整个模型",单击"确定"按钮,完成尺寸添加。删除不符合工程图标注的尺寸,单击"智能尺寸"按钮。利用"智能尺寸"标注出符合工程图的尺寸,如图 7-27 所示。

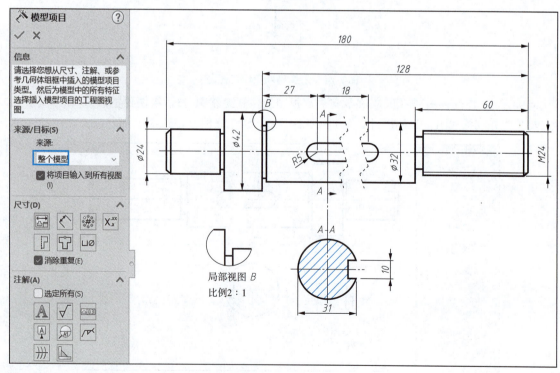

图 7-27　尺寸标注

(12)双击需要标注公差的尺寸,在打开的尺寸属性管理器中,在"公差类型"下拉列表中选择"对称",数字大小中输入 0.05 mm,主要尺寸保留整数,公差保留两位小数,如图 7-28 所示。

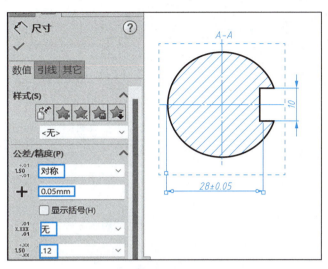

图 7-28　标注尺寸公差

(13)单击"表面粗糙度"按钮,弹出表面粗糙度属性管理器,单击"要求切削加工"按钮。输入如图 7-29 所示的数值,完成标注表面粗糙度。

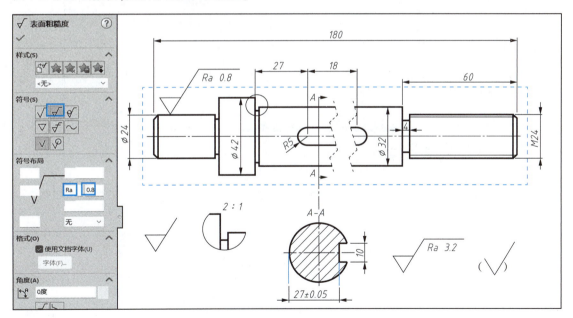

图 7-29　标注表面粗糙度

(14)单击"注释"按钮 A,光标变成长方形,单击图纸区域,输入注释内文字。按【Enter】键,在现有注释下加入新的一行,单击"确定"按钮,添加技术要求,完成工程图绘制,如图 7-30 所示。

(15)SolidWorks 工程图中的尺寸标注、注解、技术要求、粗糙度等修改,不是很方便,也可以把工程图另存为 .dwg 格式,在 CAD 中完成对工程图的修改。选择"文件"→"另存为"命令,在弹出的"另存为"对话框的"保存类型"中选择扩展名为 *.Dwg 文件,单击"保存"按钮,把 SolidWorks 中的工程图保存为 CAD 图样,如图 7-31 所示。

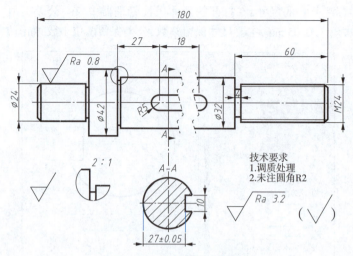

图 7-30　轴类零件工程图

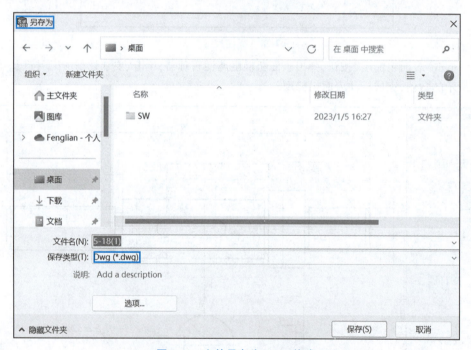

图 7-31　文件另存为 .dwg 格式

第 8 章

装配体建模与工程图

装配体是将零件模型插入"装配体"文件中,利用配合方式将各个零件加以限制其相对位置,使其装配成一个零件组,甚至装配成一部完整的机器。SolidWorks 允许在装配体文件中插入数以百计的零件进行装配配合。

本章主要介绍装配体建模、生成爆炸视图、装配体建模实例及生成爆炸工程图的过程和要点。

8.1 装配体建模

下面以夹线体为例(见图 8-1),说明夹线体创建的一般过程。

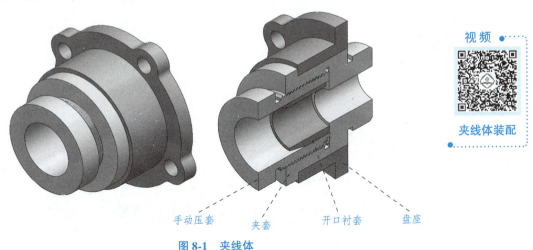

手动压套　　夹套　　开口衬套　　盘座

图 8-1 夹线体

视频

夹线体装配

8.1.1 插入盘座

要实现对零部件进行装配,必须首先创建一个装配体文件。

(1)新建文件。选择菜单栏中的"文件"→"新建"命令,或单击"快速访问"工具栏中的"新建"按钮,弹出"新建 SOLIDWORKS 文件"对话框,如图 8-2 所示。

(2)单击"装配体"按钮,单击"确定"按钮,进入装配体制作界面,如图 8-3 所示。

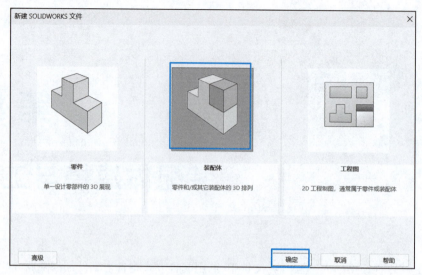

图 8-2 "新建 SOLIDWORKS 文件"对话框

图 8-3 装配体制作界面

(3)在"开始装配体"属性管理器中,单击"要插入的零件/装配体"选项组中的"浏览"按钮,弹出"打开"对话框。

(4)插入盘座。选择"盘座"作为装配体的基准零件,单击"打开"按钮,然后在图形区合适位置单击以放置零件。调整视图为"等轴测",即可得到插入零件后的界面,如图 8-4 所示。

装配体制作界面与零件的制作界面基本相同,特征管理器中出现一个配合组,在装配体制作界面中出现如图 8-4 所示的"装配体"工具栏,对"装配体"工具栏的操作同前边介绍的工具栏操作相同。

(5)将一个零部件(单个零件或子装配体)放入装配体中时,这个零部件文件会与装配体文件链接。此时零部件出现在装配体中,零部件的数据还保存在原零部件文件中。

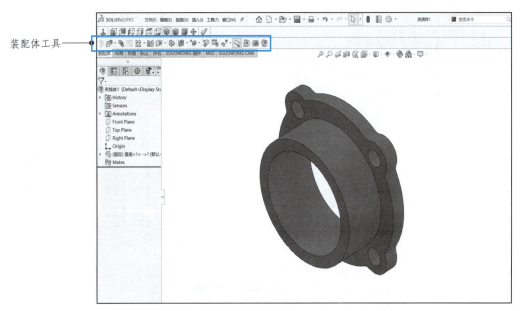

图8-4 插入盘座

8.1.2 插入夹套

1. 插入零件

单击"装配体"工具栏中的"插入零部件"按钮，在"插入零部件"属性管理器中单击"浏览"按钮选择夹套，单击"打开"按钮，如图8-5(a)所示。单击"装配体"工具栏"移动"按钮右侧的下拉按钮，弹出下拉菜单，如图8-5(b)所示。选择旋转或移动命令，将夹套到合适的位置，如图8-5(c)所示。

2. 添加配合关系。

若使夹套完全定位，共需要向其添加三种配合关系，分别为同轴配合、轴向配合和径向配合。单击"装配体"工具栏中的"配合"按钮，系统弹出图8-5(d)所示的"配合"属性管理器，以下的所有配合都将在"配合"属性管理器中完成。

(1)定义第一个装配配合。

- 确定配合类型。在"配合"属性管理器的"标准配合"区域中单击"同轴心"按钮。
- 选取配合面。分别单击零件模型，选取图8-5(e)所示的面1与面2作为配合面，在"配合"属性管理器中单击按钮。完成如图8-5(f)所示的第一个装配配合。

(2)定义第二个装配配合。

- 确定配合类型。在"配合"属性管理器的"标准配合"区域中单击"重合"按钮。
- 选取配合面。分别选取图8-5(g)所示的面3与面4，作为配合面，在"配合"属性管理器中单击按钮。完成如图8-5(h)所示的第二个装配配合。

(3)定义第三个装配配合。

- 确定配合类型。在"配合"属性管理器的"标准配合"区域中单击"重合"按钮。
- 选取配合面。单击的夹线体1 左侧的下拉按钮，打开下拉菜单，选取图8-5(i)所示的"盘座"零件的上视基准面与"夹套"零件的右视基准面作为配合面。在"配合"属性管理器中单击按钮，完成第三个装配配合。

(4)击"配合"属性管理器的按钮，完成装配体的创建。

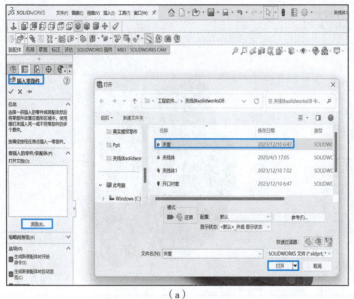

(a) (b)

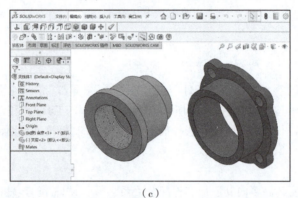

(c)

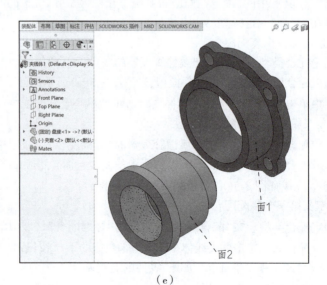

(d) (e)

图 8-5 插入夹套

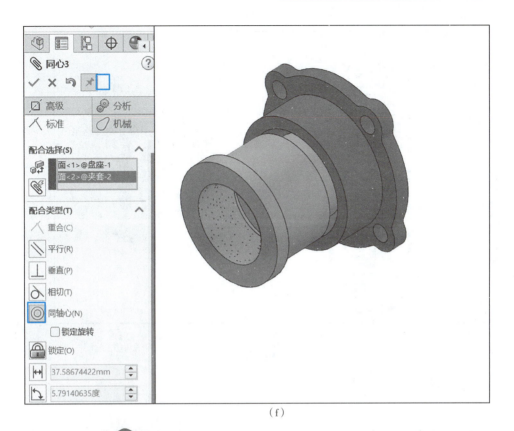

(f)

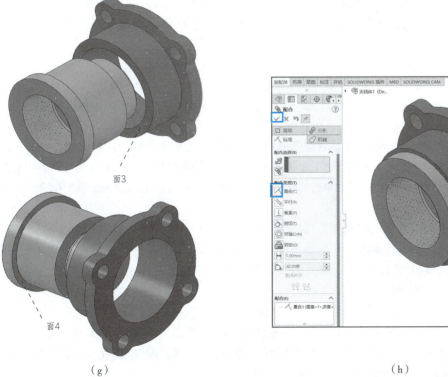

(g)　　　　　　　　　　　　　　（h）

图 8-5　插入夹套（续）

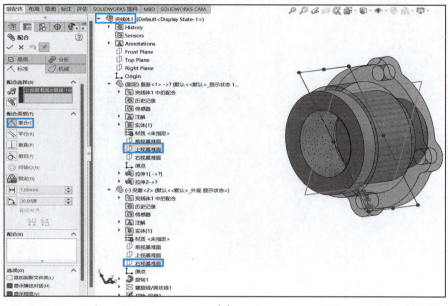

(i)

图 8-5 插入夹套(续)

8.1.3 插入开口衬套

1. 插入零件

单击"装配体"工具栏中的"插入零部件"按钮,在"插入零部件"属性管理器中单击"浏览"按钮,选择开口衬套,单击"打开"按钮。选择旋转或移动命令,将夹套到合适的位置,如图 8-6a 所示。

2. 添加配合关系

同样向其添加三种配合关系,分别为同轴配合、轴向配合和径向配合。单击"装配体"工具栏中的配合按钮,弹出"配合"属性管理器,以下的所有配合都将在"配合"属性管理器中完成。

(1)定义第一个装配配合。

• 确定配合类型。在"配合"属性管理器的"标准配合"区域单击"同轴心"按钮。

• 选取配合面。分别单击零件模型,选取图 8-6(b)所示的盘座外圆柱面 1 与开口衬套内孔面 2 作为配合面,在"配合"属性管理器中单击 ✓ 按钮,完成如图 8-6(c)所示的第一个装配配合。

(2)定义第二个装配配合。

• 确定配合类型。在"配合"属性管理器的"标准配合"区域中单击"重合"按钮。

• 选取配合面。分别选取图 8-6(d)所示的夹套内孔端面 3 与开口衬套右端面 4,作为配合面,在"配合"属性管理器中单击 ✓ 按钮,完成第二个装配配合。

(3)定义第三个装配配合。

• 确定配合类型。在"配合"属性管理器的"标准配合"区域中单击"重合"按钮。

• 选取配合面。单击的夹线体 1 ▼ 夹线体1左侧的下拉按钮,打开下拉菜单,选取"盘座"零件的"右视基准面"与"开口衬套"零件的"右视基准面"作为配合面。在"配合"属性管理器中单击 ✓ 按钮,完成如图 8-6(e)所示的第三个装配配合。

(4)单击"配合"属性管理器的 ✓ 按钮,完成装配体的创建。

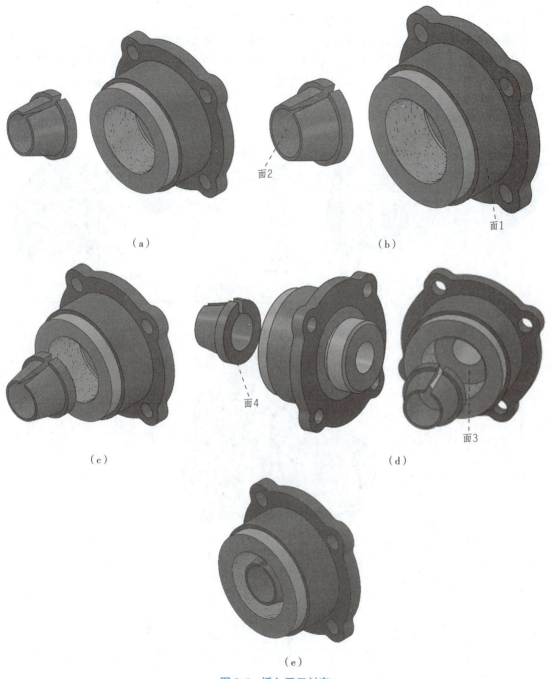

图 8-6　插入开口衬套

8.1.4　插入手动压套

1. 插入零件

单击"装配体"工具栏中的"插入零部件"按钮，在"插入零部件"属性管理器中单击"浏览"按钮，选择手动压套，单击"打开"按钮。选择旋转或移动命令，将手动压套到合适的位置，如图 8-7(a)所示。

2. 添加配合关系。

添加手动压套外螺纹柱面与压套内螺纹孔面螺旋配合。

- 确定配合类型。在"配合"属性管理器的"机械配合"区域中单击"螺旋"按钮 。
- 选取配合面。分别单击零件模型,选取图 8-7(b)所示的手动压套外圆柱面 1 与夹套外圆柱面 2 作为配合面,在"配合"属性管理器中单击 ✓ 按钮,完成如图 8-7(c)所示的装配配合。

图 8-7 插入手动压套

8.2 爆炸视图的生成

爆炸视图又称零件分解图,由爆炸视图可以直观、形象地看出各零件之间的位置关系和装配关系。一个爆炸视图包括一个或多个爆炸步骤,其被保存在所生成的装配体配置中。建立爆炸视图主要是建立一个新的配置并指定爆炸方向及距离。下面以夹线体为例,说明爆炸视图的生成过程。

1. 添加爆炸视图配置

打开已保存的"夹线体 1"装配图,在配置管理器中的"夹线体 1 配置"上右击,在弹出的快捷菜单中选择"添加配置"命令,如图 8-8(a)所示。将新配置命名为"爆炸图",如图 8-8(b)、(c)所示。

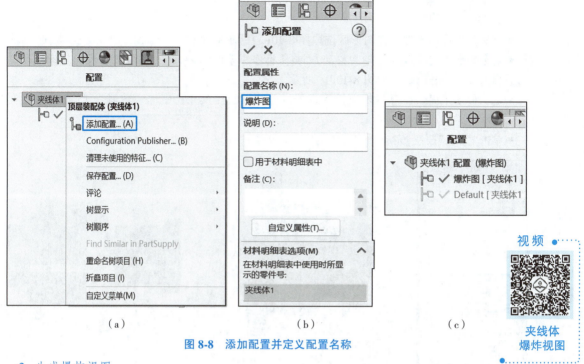

图 8-8 添加配置并定义配置名称

2. 生成爆炸视图

右击"爆炸图[夹线体1]",在弹出的快捷菜单中选择"新爆炸视图"命令[见图 8-9(a)],弹出"爆炸"属性管理器,如图 8-9(b)所示。

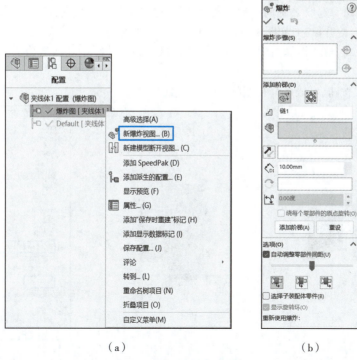

图 8-9 生成爆炸视图

3. 创建爆炸步骤。

(1)创建爆炸步骤(一)

• 定义要爆炸的零件。在图形区选取图 8-10(a)所示的手动压套。

• 确定爆炸方向。选取 Z 轴为移动方向;鼠标停在零件的 Z 轴上,并沿 Z 轴反向拖动此手动压套到适合的位置,松开鼠标,如图 8-10(b)所示。

• 定义移动距离。在"爆炸"属性管理器设置区域的在尺寸栏中输入数值为 150mm,如图 8-10(c)所示。

• 单击"完成"按钮,完成爆炸视图的"爆炸步骤(一)"。

(a)

(b)

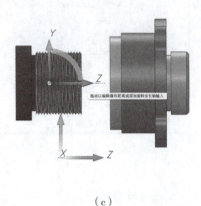
(c)

图 8-10　爆炸步骤(一)

(2)创建爆炸步骤(二)

• 定义要爆炸的零件。在图形区选取开口衬套。

• 确定爆炸方向。选取 Z 轴为移动方向;鼠标停在零件上的 Z 轴上,并沿 Z 轴反向拖动此手动压套到适合的位置,松开鼠标,如图 8-11(a)所示。

• 定义移动距离。在"爆炸"属性管理器设置区域的在尺寸栏中输入数值为 120 mm,如图 8-11(b)所示。

• 单击"完成"按钮,完成爆炸视图的"爆炸步骤(二)"。

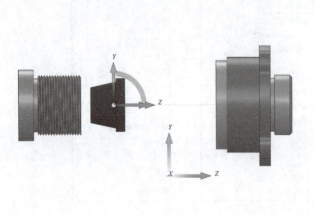
(a)

(b)

图 8-11　爆炸步骤(二)

(3)创建爆炸步骤(三)
- 定义要爆炸的零件。在图形区选取夹套。
- 确定爆炸方向。选取 Z 轴为移动方向;鼠标停在零件上的 Z 轴上,并沿 Z 轴反向拖动此手动压套到适合的位置,松开鼠标。
- 定义移动距离。在"爆炸"属性管理器设置区域的在尺寸栏中输入数值为 70 mm。
- 单击"完成"按钮,完成爆炸视图的"爆炸步骤 3",生成的爆炸视图如图 8-12 所示。

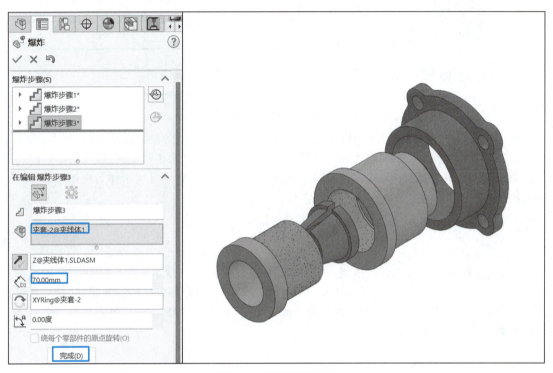

图 8-12　爆炸步骤(三)

8.3　装配建模实例

机器或部件按照一定的装配关系和技术要求组装并完成一定的功能。装配过程中,应掌握机器或部件的工作原理、装配干线、零件之间的配合关系等。本节以机用虎钳(见图 8-13)为例,说明装配体建模的基本方法。

8.3.1　明确工作原理

机用虎钳(平口钳)是刨床、铣床、钻床、磨床、插床的主要夹具,是安装在机床工作台上,用于夹紧工件,以便进行切削加工的一种通用工具。"2 固定钳身"安装在工作台上,"10 丝杠"可带动"11 方形螺母"做直线移动。"11 方形螺母"与"6 活动钳身"用"5 螺钉"连成一体,当"10 丝杠"转动时,"6 活动钳身"就会沿"2 固定钳身"移动,使钳口闭合或开启,达到夹紧或松开工件的目的。两块"4 护口板"用"3 沉头螺钉"固定在钳座上,以便磨损后及时更换。为了便于夹紧工件,"4 护口板"上应有花纹结构。

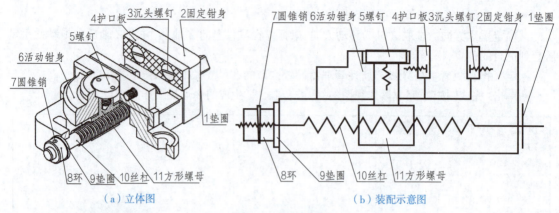

图 8-13 机用虎钳

图 8-13(b)为机用虎钳的装配示意图。装配示意图是针对产品的设计要求、设计方案,用规定的简单符号或线条绘制而成的,用以表示机器或部件各部分的运动和传动关系,以及各零件的相对位置和装配关系,其能反映机器或部件的工作原理。因此,装配示意图可用于作为机器或部件设计和装配的依据,是绘制装配图时的重要参考资料。

8.3.2 确定装配干线,明确装配关系

1. 确定装配干线

机器或部件装配时,零件依次围绕一根或几根轴线装配起来,体现主要的装配关系,该轴线称为装配干线。机用虎钳的装配干线如图 8-14 所示。竖直方向的装配干线为通过"5 螺钉"把活动钳身与方形螺母连成一体。水平方向的装配干线为固定钳身、垫圈、护口板、丝杠、方形螺母、环,围绕丝杠的轴线装配,实现夹紧工件的功能。

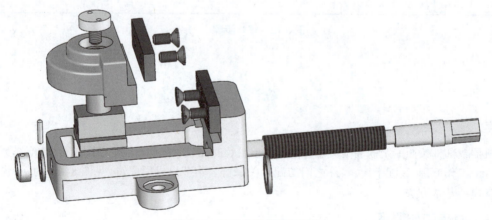

图 8-14 机用虎钳的装配干线

2. 明确装配关系

零件与零件之间的装配关系包括面与面之间的重合关系、等距离关系、相切关系、同轴关系及直线与直线之间的重合关系等。

对机用虎钳而言,固定钳身上的左右孔与丝杠之间存在径向同轴关系、轴向共面关系和径向共面关系;垫圈与丝杠之间也存在相同的关系。方形螺母底板与固定钳身底部槽平行;方形螺母的内螺纹孔与丝杠外螺纹为螺旋关系。活动钳身通过"5 螺钉"与方形螺母连成一体。

8.3.3 机用虎钳装配过程

虎钳的装配过程:通过"新建"命令,选择"装配体",生成装配体文件。选择固定钳身作为第一个零件,默认状态是"固定",插入装配体中。保证设计原点和装配体原点重合,这样固定钳身和装配体的基准面也会重合。沿着固定钳身左右孔的轴线,根据装配关系,依次插入各个零件。插入顺序是1号零件垫圈、4号零件护口板、3号零件螺钉、11号零件方形螺母、6号零件活动钳身、5号零件圆螺钉、4号零件护口板、3号零件沉头螺钉、10号零件丝杠、9号零件垫圈、8号零件环和7号零件圆锥销。插入零件时,特别注意各个零件之间的装配连接方式,添加同心、同轴、平行和重合等约束关系,完成虎钳的虚拟装配。在装配之前,已经完成各个零件的建模。现使用SolidWorks 2020进行装配,详细的装配过程如下。

1. 插入固定零件固定钳身

通过"新建"命令,选择"装配体",生成装配体文件。进入装配环境后,系统左侧"属性管理器"自动显示"开始装配体"。单击"浏览"按钮,在弹出的"打开"属性管理器中选择"固定钳身"零件,单击"打开"按钮。SolidWorks默认插入的第一个零件的原点与装配体的原点重合,零件被添加"固定"关系,如图8-15所示。

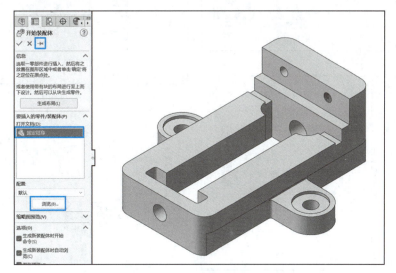

视频

虎钳装配

图 8-15 插入固定零件固定钳身

2. 插入1号零件垫圈

(1)插入零件。单击"装配体"工具栏中的"插入零部件"按钮,在"插入零部件"属性管理器中单击"浏览"按钮,选择1号零件垫圈,单击"装配体"工具栏中的"旋转"和"移动"按钮,旋转或移动1号零件垫圈到合适的位置,如图8-16(a)所示。

(2)添加配合关系。若使1号零件垫圈完全定位,共需要向其添加三种配合关系,分别为同轴线配合、轴向重合配合和径向重合配合。为了方便完成同轴线配合,选择菜单栏中的"视图"按钮,鼠标停在"隐藏/显示"上,单击临时轴,各个零件上的临时轴线都会显示出来,如图8-16(b)所示。单击"装配体"工具栏中的"配合"按钮,系统弹出"配合"属性管理器,以下的所有配合都将在"配合"属性管理器中完成。

①定义第一个装配配合。
- 确定配合类型。在"配合"属性管理器的"标准配合"区域中单击"重合"按钮。
- 选取配合轴线。分别单击零件模型,选取图8-16(c)所示的1号零件垫圈"轴线1"和固定钳身孔"轴线2",在"配合"属性管理器中单击✓按钮,完成如图8-16(c)所示的第一个"轴线重合"的装配配合。

②定义第二个装配配合。
• 确定配合类型。在"配合"属性管理器的"标准配合"区域中单击"重合"按钮。
• 选取配合面。分别选取固定钳身右侧面与垫圈左侧面,作为配合面,在"配合"属性管理器中单击✓按钮,完成第二个装配配合。

(3)定义第三个装配配合。
• 确定配合类型。在"配合"属性管理器的"标准配合"区域中单击"重合"按钮。
• 选取配合面。选取"固定钳身"零件的"右视基准面"与"1号零件垫圈"零件的"右视基准面"作为配合面。在"配合"属性管理器中单击✓按钮,完成如图8-16(d)所示的第三个装配配合。

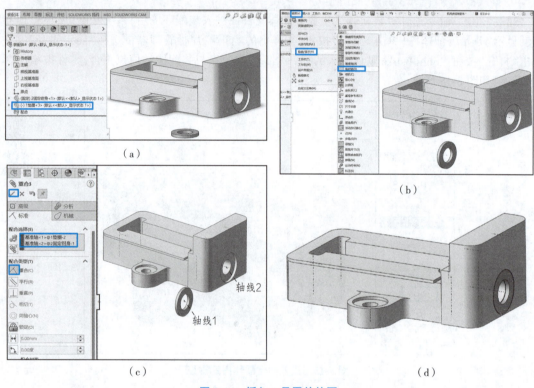

图8-16　插入1号零件垫圈

3. 插入护口板

(1)插入零件。单击"装配体"工具栏中的"插入零部件"按钮,在"插入零部件"属性管理器中单击"浏览"按钮,选择护口板零件,单击"装配体"工具栏中的"旋转"和"移动"按钮,旋转或移动护口板到合适的位置,如图8-17(a)所示。

(2)添加配合关系。若使护口板零件完全定位,共需要向其添加三种配合关系,分别为两次同轴线重合配合和端面重合配合。单击"装配体"工具栏中的"配合"按钮,弹出"配合"属性管理器,以下的所有配合都将在"配合"属性管理器中完成。

①定义第一个装配配合。
• 确定配合类型。在"配合"属性管理器的"标准配合"区域中单击"重合"按钮。
• 选取配合轴线。依次选取护口板两个孔轴线与固定钳身两个螺纹孔轴线,在"配合"属性管理器中单击✓按钮,完成两次"轴线重合"的装配配合。

②定义第三个装配配合。

• 确定配合类型。在"配合"属性管理器的"标准配合"区域中单击"重合"按钮。

• 选取配合面。分别选取固定钳身座左端面与护口板右端面,作为配合面,在"配合"属性管理器中单击 ✓ 按钮,完成如图8-17(b)所示的第三个装配配合。

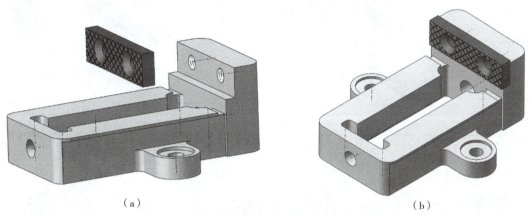

图 8-17 插入护口板

4. 插入3号零件螺钉

(1)插入零件。单击"装配体"工具栏中的"插入零部件"按钮,在"插入零部件"属性管理器中单击"浏览"按钮,选择3号零件螺钉,单击"装配体"工具栏中的"旋转"和"移动"按钮,旋转或移动3号零件螺钉到合适的位置,如图8-18(a)所示。

(2)添加配合关系。若使3号零件螺钉完全定位,共需要向其添加三种配合关系,分别为同轴线重合配合、轴向平行配合和径向平行配合。单击"装配体"工具栏中的"配合"按钮,弹出"配合"属性管理器,以下的所有配合都将在"配合"属性管理器中完成。

①定义第一个装配配合。

• 确定配合类型。在"配合"属性管理器的"标准配合"区域中单击"重合"按钮。

• 选取配合轴线。分别单击零件模型,选取图8-18(b)所示的3号零件螺钉轴线与固定钳身两个链接螺纹孔中后面的孔轴线,在"配合"属性管理器中单击 ✓ 按钮,完成"轴线重合"的装配配合。

②定义第二个装配配合。

• 确定配合类型。在"配合"属性管理器的"标准配合"区域中单击"平行"按钮。

• 选取配合面。分别选取护口板左端面1和螺钉顶端面2作为配合面,配合关系中选择平行关系。两者距离选择1 mm,选中"反转尺寸"复选框,如图8-18(c)所示。这样就能保证螺钉的顶面旋入护口板左端面1 mm。在"配合"属性管理器中单击 ✓ 按钮,完成第二个装配配合。

③定义第三个装配配合。

• 确定配合类型。在"配合"属性管理器的"标准配合"区域中单击"平行"按钮。

• 选取配合面。分别选取固定钳身的上视面与螺钉右视面,作为配合面,在"配合"属性管理器中单击 ✓ 按钮,完成如图8-18(d)所示的第三个装配配合。

④镜向3号零件螺钉。

在"装配体"的工具栏中,单击"线性零部件阵列"右侧的下拉按钮,选择"镜向零部件"命令,如图8-18(e)所示。在"要镜向的零部件"列表框中选择3号零件螺钉,在"镜向基准面"列表框中选择固定钳身的右视基准面,如图8-18(f)所示,单击"确定"按钮,3号零件螺钉就被镜向到固定前面的螺纹孔处,如图8-18(g)所示。

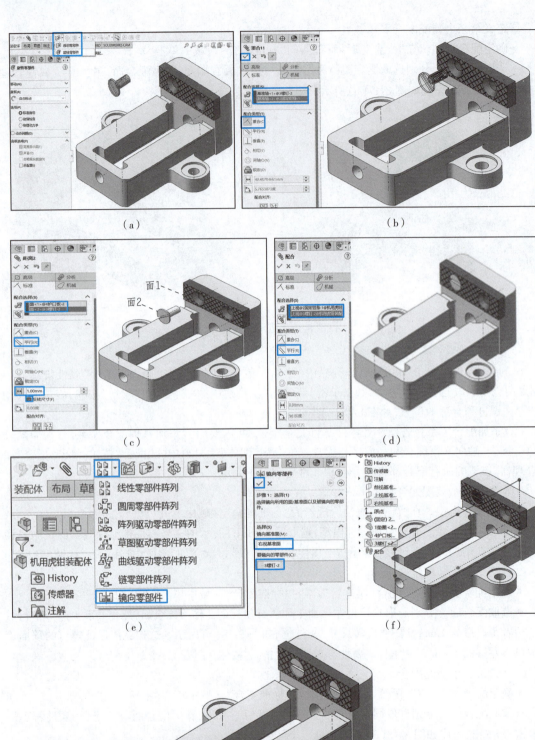

图 8-18 插入螺钉

5. 插入方形螺母

(1)插入零件。单击"装配体"工具栏中的"插入零部件"按钮,在"插入零部件"属性管理器中单击"浏览"按钮,选择11号零件方形螺母,单击"装配体"工具栏中的"旋转"和"移动"按钮,旋转或移动11号零件方形螺母到合适的位置,如图8-19(a)所示。

(2)添加配合关系。"5 螺钉"把活动钳身和方形螺母连成一体,方形螺母带动活动钳身沿轴线方向左右移动,因此方形螺母沿轴线方向不用固定配合关系。只需要向方形螺母添加两种配合关系,分别为同轴线重合配合、面重合配合。单击"装配体"工具栏中的"配合"按钮,弹出"配合"属性管理器,以下的所有配合都将在"配合"属性管理器中完成。

①定义第一个装配配合。

• 确定配合类型。在"配合"属性管理器的"标准配合"区域中单击"重合"按钮。

• 选取配合轴线。分别单击零件模型,选取图8-19(b)所示的方形螺母轴线1与固定钳身孔的轴线2,在"配合"属性管理器中单击 ✓ 按钮,完成"轴线重合"的装配配合,如图8-19(c)所示。

②定义第二个装配配合。

• 确定配合类型。在"配合"属性管理器的"标准配合"区域中单击"重合"按钮。

• 选取配合面。分别选取固定钳身面1和方形螺母面2作为配合面,如图8-19(d)所示。在"配合"属性管理器中单击 ✓ 按钮,完成第二个装配配合。

③沿轴线移动方块螺母。单击"装配体"工具栏中的"移动"按钮,把方块螺母移动到适合的位置,如图8-19(e)所示。

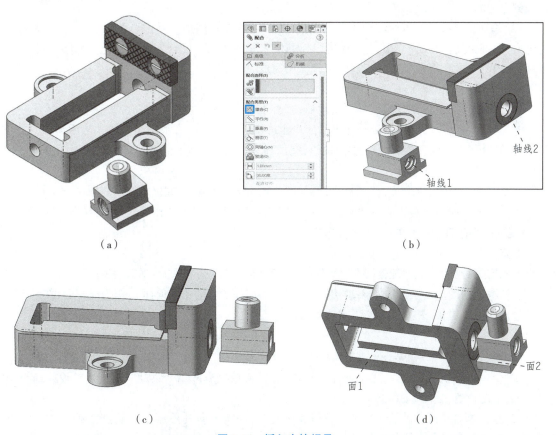

图 8-19　插入方块螺母

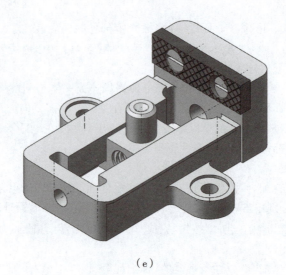

(e)

图 8-19　插入方块螺母(续)

6. 插入活动钳身

(1)插入零件。单击"装配体"工具栏中的"插入零部件"按钮,在"插入零部件"属性管理器中单击"浏览"按钮,选择活动钳身,单击"装配体"工具栏中的"旋转"和"移动"按钮,旋转或移动活动钳身到合适的位置,如图 8-20(a)所示。

(2)添加配合关系。若使活动钳身完全定位,共需要向其添加三种配合关系,分别为同轴线重合配合、面重合配合和面平行配合。单击"装配体"工具栏中的"配合"按钮,弹出"配合"属性管理器,以下的所有配合都将在"配合"属性管理器中完成。

①定义第一个装配配合。

- 确定配合类型。在"配合"属性管理器的"标准配合"区域中单击"重合"按钮。
- 选取配合轴线。分别单击零件模型,选取图 8-20(a)所示的方形螺母轴线 1 与活动钳身孔的轴线 2,在"配合"属性管理器中单击 ✓ 按钮,完成"轴线重合"的装配配合,如图 8-20(b)所示。

②定义第二个装配配合。

- 确定配合类型。在"配合"属性管理器的"标准配合"区域中单击"重合"按钮。
- 选取配合面。分别选取活动钳身下端面 1 和固定钳身上端面 2 作为配合面,如图 8-20c 所示。在"配合"属性管理器中单击 ✓ 按钮,完成第二个装配配合。

③定义第三个装配配合。

- 确定配合类型。在"配合"属性管理器的"标准配合"区域中单击"平行"按钮。
- 选取配合面。分别选取图 8-20(d)固定钳身的前面 1 活动钳身前面 2,作为配合面,在"配合"属性管理器中单击 ✓ 按钮,完成第三个装配配合。

7. 插入"5 螺钉"

(1)插入零件。单击"装配体"工具栏中的"插入零部件"按钮,在"插入零部件"属性管理器中单击"浏览"按钮,选择"5 螺钉",单击"装配体"工具栏中的"旋转"和"移动"按钮,旋转或移动"5 螺钉"到合适的位置,如图 8-21(a)所示。

(2)添加配合关系。若使 5 号零件螺钉完全定位,共需要向其添加三种配合关系,分别为同轴线配合、轴向重合配合和径向重合配合。单击"装配体"工具栏中的"配合"按钮,弹出"配合"属性管理器,以下的所有配合都将在"配合"属性管理器中完成。

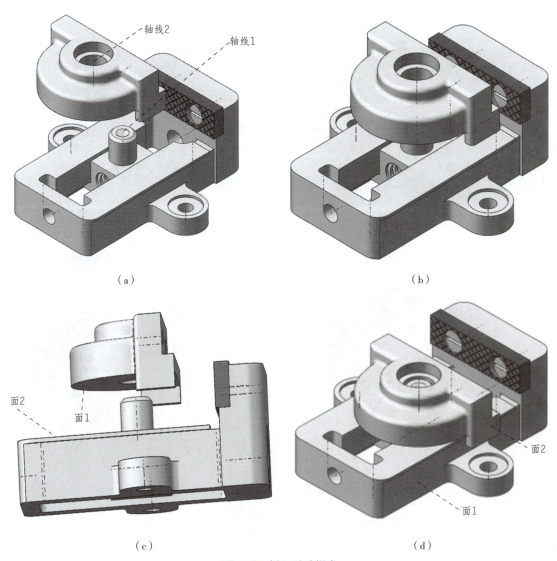

图 8-20 插入活动钳身

①定义第一个装配配合。
● 确定配合类型。在"配合"属性管理器的"标准配合"区域中单击"重合"按钮。
● 选取配合轴线。分别单击零件模型,选取图 8-21(a)所示的活动钳身"轴线 1"和"5 螺钉""轴线 2",在"配合"属性管理器中单击✓按钮,完成如图 8-21(b)所示的第一个"轴线重合"的装配配合。

②定义第二个装配配合。
● 确定配合类型。在"配合"属性管理器的"标准配合"区域中单击"重合"按钮。
● 选取配合面。分别选取 8-21(b)所示的"5 螺钉""面 1"和活动钳身"面 2",作为配合面,在"配合"属性管理器中单击✓按钮,完成第二个装配配合,如图 8-21(c)所示。

③定义第三个装配配合。
● 确定配合类型。在"配合"属性管理器的"标准配合"区域中单击"重合"按钮。
● 选取配合面。选取"活动钳身"的"右视基准面"与"5 螺钉"的"右视基准面"作为配合面。在"配合"属性管理器中单击✓按钮,完成如图 8-21(d)所示的第三个装配配合。

168 计算机成图技术应用教程

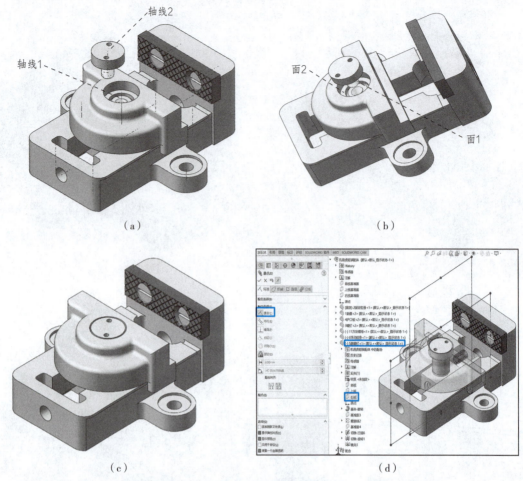

图 8-21 插入"5 螺钉"

按照前面安装固定钳身的方法,通过 3 号零件沉头螺钉把护口板安装在活动钳身上,如图 8-22 所示。

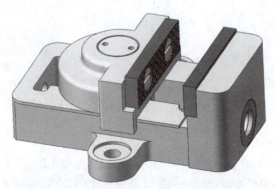

图 8-22 在活动钳身上插入护口板和螺钉

8. 插入丝杠

(1)插入零件。单击"装配体"工具栏中的"插入零部件"按钮,在"插入零部件"属性管理器中,单击"浏览"按钮,选择丝杠,单击"装配体"工具栏中的"旋转"和"移动"按钮,旋转或移动丝杠到合适的位置,如图 8-23(a)所示。

(2)添加配合关系。若使丝杠完全定位,共需要向其添加三种配合关系,分别为同轴线配合、轴向重合配合和径向平行配合。单击"装配体"工具栏中的"配合"按钮,弹出"配合"属性管理器,以下的所有配合都将在"配合"属性管理器中完成。

①定义第一个装配配合。
- 确定配合类型。在"配合"属性管理器的"标准配合"区域中单击"重合"按钮。
- 选取配合轴线。分别单击零件模型,选取图8-23(a)所示的丝杠"轴线1"和固定钳身"轴线2",在"配合"属性管理器中单击✓按钮,完成如图8-23(b)所示的第一个"轴线重合"的装配配合。

②定义第二个装配配合。
- 确定配合类型。在"配合"属性管理器的"标准配合"区域中单击"重合"按钮。
- 选取配合面。分别选取图8-23(b)所示"垫圈"的"面1"与"丝杠"的"面2"作为配合面,在"配合"属性管理器中单击✓按钮,完成第二个装配配合,如图8-23(c)所示。

③定义第三个装配配合。
- 确定配合类型。在"配合"属性管理器的"标准配合"区域中单击"平行"按钮。
- 选取配合面。选取"固定钳身"的"面3"和"丝杠""面4"作为配合面。在"配合"属性管理器中单击✓按钮,完成如图8-23(d)所示的第三个装配配合。

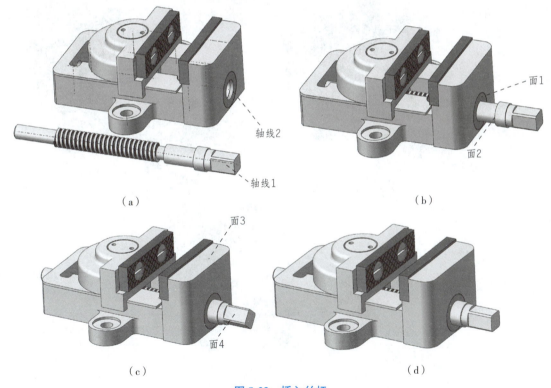

图8-23 插入丝杠

9. 插入9号零件垫圈和环

(1)插入零件。单击"装配体"工具栏中的"插入零部件"按钮,在"插入零部件"属性管理器中单击"浏览"按钮,选择9号零件垫圈,单击"装配体"工具栏中的"旋转"和"移动"按钮,旋转或移动9号零件垫圈到合适的位置,如图8-24(a)所示。

(2)添加配合关系。若使9号零件垫圈完全定位,共需要向其添加三种配合关系,分别为同轴线配合、轴向重合配合和径向重合配合。单击"装配体"工具栏中的"配合"按钮,弹出"配合"属性管理器,以下的所有配合都将在"配合"属性管理器中完成。

①定义第一个装配配合。
- 确定配合类型。在"配合"属性管理器的"标准配合"区域中单击"重合"按钮。
- 选取配合轴线。分别单击零件模型,选取图8-24(a)所示的"丝杠"的"轴线1"和"9号零件垫圈"的"轴线2",在"配合"属性管理器中单击 ✓ 按钮,完成如图8-24(b)所示的第一个"轴线重合"的装配配合。

②定义第二个装配配合。
- 确定配合类型。在"配合"属性管理器的"标准配合"区域中单击"重合"按钮。
- 选取配合面。分别选取固定钳身左侧面与9号零件垫圈右侧面,作为配合面,在"配合"属性管理器中单击 ✓ 按钮,完成第二个装配配合,如图8-24(c)所示。

③定义第三个装配配合。
- 确定配合类型。在"配合"属性管理器的"标准配合"区域中单击"重合"按钮。
- 选取配合面。选取"固定钳身"零件的"右视基准面"与"9号零件垫圈"零件的"右视基准面"作为配合面。在"配合"属性管理器中单击 ✓ 按钮,完成如图8-24(c)所示的第三个装配配合。

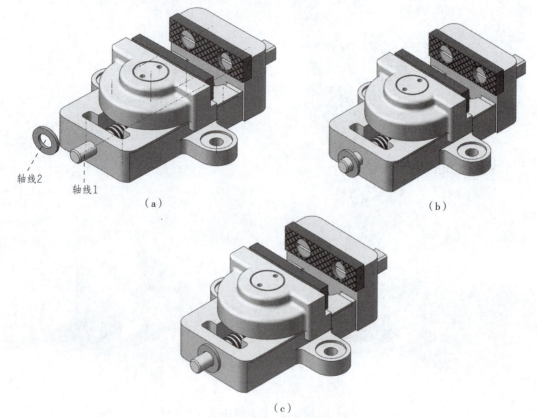

图 8-24 插入 9 号零件垫圈

④用同样的方法插入环,如图8-25所示。

10. 插入圆锥销

(1)插入零件。单击"装配体"工具栏中的"插入零部件"按钮,在"插入零部件"属性管理器中单击"浏览"按钮,选择销,单击"装配体"工具栏中的"旋转"和"移动"按钮,旋转或移动销到合适的位置,如图8-26(a)所示。

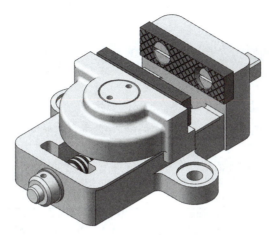

图 8-25　插入环

（2）添加配合关系。销应该可以上下移动，上下方向不必定位，共需要向其添加三种配合关系，分别为同轴线配合、柱面平行配合和径向重合配合。单击"装配体"工具栏中的"配合"按钮，弹出"配合"属性管理器，以下的所有配合都将在"配合"属性管理器中完成。

①定义第一个装配配合。

• 确定配合类型。在"配合"属性管理器的"标准配合"区域中单击"重合"按钮。

• 选取配合轴线。分别单击零件模型，选取图 8-26(a) 所示的销的轴线和环上销孔的轴线，在"配合"属性管理器中单击 按钮，完成第一个"轴线重合"的装配配合。

②定义第二个装配配合。

• 确定配合类型。在"配合"属性管理器的"标准配合"区域单击"平行"按钮。

• 选取配合面。分别选取销外圆锥面和环上销孔内圆锥面，作为配合面，在"配合"属性管理器中单击 按钮，完成第二个装配配合。

③定义第三个装配配合。

• 确定配合类型。在"配合"属性管理器的"标准配合"区域单击"重合"按钮。

• 选取配合面。选取环的右视基准面、销的右视基准面作为配合面。在"配合"属性管理器中单击 按钮，完成如图 8-26(b) 所示的第三个装配配合。

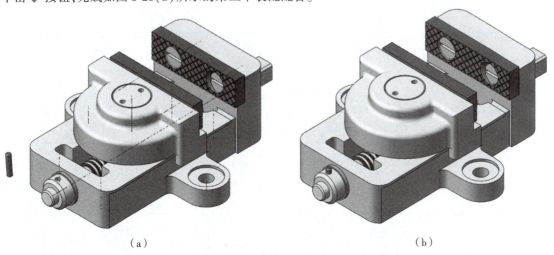

(a)　　　　　　　　　　　　　　　　　　(b)

图 8-26　插入销

8.4 生成爆炸工程图

本节介绍在装配体文件中,利用"从零件/装配体产生工程图"命令,建立装配体的爆炸工程视图,在此延用 8.2 节所建立的"夹线体 1"装配体示范实例,练习建立爆炸工程视图。

1. 打开练习文件

打开 8.2 节中所建立的"夹线体 1",单击配置管理器中的"夹线体 1 配置",双击"爆炸视图 1"如图 8-27 所示。

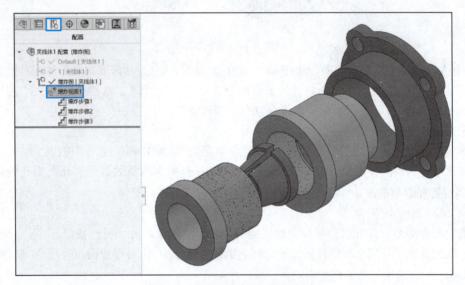

图 8-27 打开"夹线体 1 爆炸视图"

2. 新建工程图

单击"标准"工具栏中的"新建"按钮,单击"工程图"如图 8-28(a)所示。选择标准图纸大小:A3 横向;显示图纸格式,单击"确定"按钮,如图 8-28(b)所示。也可以不选中"显示图纸格式"的复选框,自己设计图纸格式。

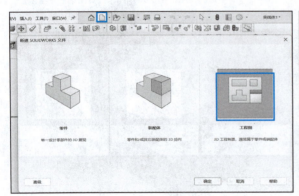

(a)

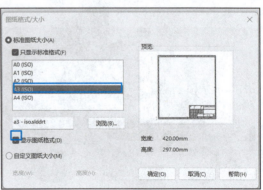

(b)

图 8-28 新建工程图

3. 插入"夹线体1"

选择菜单栏中的"插入"→"工程图视图"→"模型"命令[见图 8-29(a)],打开模型视图属性管理器,如图 8-29(b)所示。双击图 8-29(b)中的"夹线体1",打开图 8-29(c)所示的"工程图视图"属性管理器。单击"参考配置"框右侧的下拉按钮,打开下拉列表,并双击"爆炸图"。在标准视图"方向"中选择"等轴侧视图",在"显示样式"中选择"消除隐藏线"。在"比例"中选择"使用自定义比例",并在属性管理器中输入 1∶2,如图 8-29(c)所示。插入的"夹线体1"如图 8-29(d)所示,模型中显示原点。选择菜单栏中的"视图"→"隐藏/显示"→"原点"命令将"原点"隐藏起来。模型中不再显示原点,如图 8-29(e)所示。

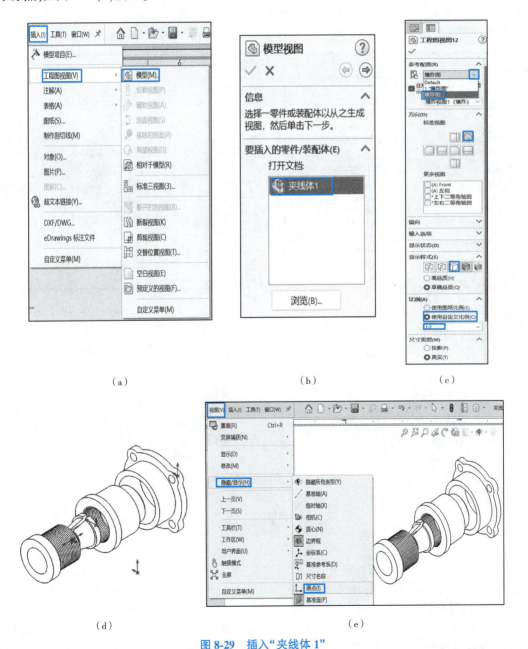

图 8-29 插入"夹线体1"

4. 插入零件序号

插入零件序号常用的方式有两种：自动零件序号和零件序号。选择菜单栏中的"插入"→"注解"→"自动零件序号"命令，如图 8-30(a)所示。打开图 8-30(b)所示的"自动零件序号"属性管理器，在绘图区域单击欲加入零件序号的"夹线体爆炸工程视图"。在"零件序号布局""阵列类型"中，选择"布置零件序号到上"。"引线附加点"选项中，如果选择"边线"则引线的末端以"箭头"的形式指向各个零件的边线；如果选择"面"则引线的末端以"点"的形式指向各个零件的表面。在"零件序号设定"中，零件序号的形状选择"圆形"；零件序号的大小默认状态是"2 个字符"，打开下拉列表，选择"紧密配合"，如图 8-30(b)所示。零件序号如果距离装配体爆炸视图太远，移动光标至零件序号上，拖动零件序号到适当位置，单击"确定"按钮，结果如图 8-30(c)所示。如果零件序号或引导线的位置不是很恰当，可以通过拖动来调整。图 8-30(d)所示为经过调整后的结果。

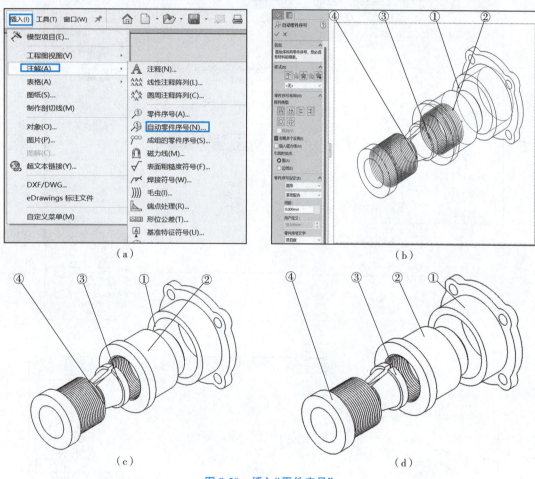

图 8-30 插入"零件序号"

5. 建立材料明细表

所谓材料明细表(BOM)即制图上的材料明细表，标示序号、名称、数量、材质、规格等表格数据。SolidWorks 的材料明细表可根据所插入的零件属性而自动产生，不需要用户通过再画表格、输字的方式产生。通常材料明细表在同一张工程图纸中有多个零件视图表示时采用。

（1）选择菜单栏中的"插入"→"表格"→"材料明细表"命令［见图 8-31(a)］，打开如图 8-31(b)所示的"材料明细表"属性管理器，在绘图区域单击欲加入"材料明细表"的"夹线体爆炸工程视图"，导出材料明细表。

（2）在"材料明细表"属性管理器中，"表格模板"选择 boom-standard；"材料明细表类型"选择"仅限顶层"；"零件配置分组"选择"显示为一个项目号"，"将同一零件的配置显示为单独项目"；在"项目号""起始于"后面输入"1"，如图 8-31（b）所示。设置完成后，单击"确定" ✓ 按钮；光标旁出现方框，在视图旁空白处单击放置材料明细表，如图 8-31（c）所示。

（3）放置后的材料明细表，大小、序号、名称、排列顺序等都需要再调整。如何调整呢？移动光标至材料明细表上方，单击材料明细表后如图 8-31（d）所示，再次出现材料明细表的标题栏（上方蓝色 BOM 表格）。此时的材料明细表相当于 Word 文档中的表格，其列宽及行高都可以调整。材料明细表中文字的对齐方式也可以通过 BOM 表上方的工具栏调整。国标中明细表的标题一般在下方，序号是从下到上排序，单击 BOM 表上的"表格标题在下"按钮即可实现，如图 8-31（e）所示。

（4）更改材料明细表中的文字内容。在"说明"单元格中右击，在弹出的快捷菜单中选择"编辑多个属性值"命令，如图 8-31（f）所示。打开图 8-31（g），在"编辑"对话框中输入"材料"两个字，单击"确定"按钮。右击"材料"列，选择"插入"→"右列"命令，如图 8-31（h）所示。用上面的方法把各个零件的材料都填写在材料明细表中。材料明细表完成后，可以通过拖动移动工程图至适当位置或缩放比例，调整后如图 8-31（i）所示。

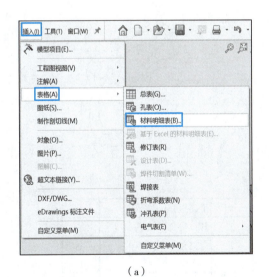

(a)　　　　　　　　　　　　　　　　　　(b)

(c)　　　　　　　　　　　　　　　　　　(d)

图 8-31　建立材料明细表

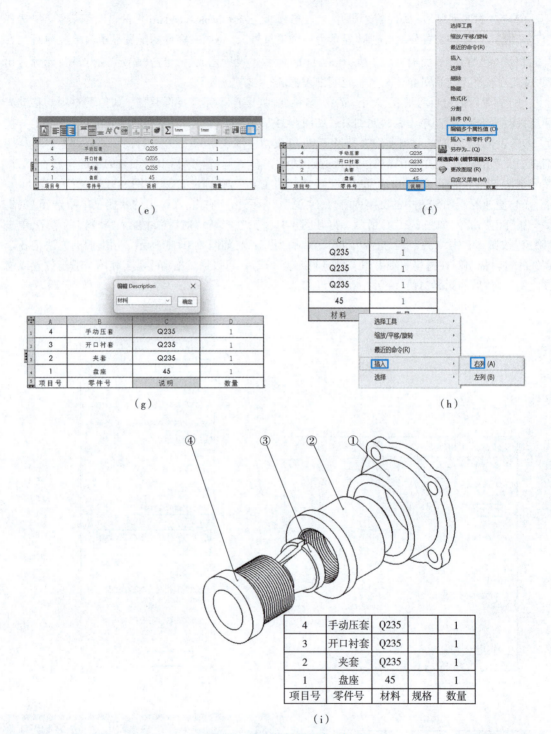

图 8-31 建立材料明细表(续)

参 考 文 献

[1] 朱静,谢军,王国顺,等. 现代机械制图[M]. 3版. 北京:机械工业出版社,2023.
[2] 许玢,李德英. SolidWorks 2018完全自学手册[M]. 北京:人民邮电出版社,2019.
[3] 刘鸿莉,宋丕伟. SolidWorks机械设计简明实用基础教程[M]. 2版. 北京:北京理工大学出版社,2022.
[4] 北京兆迪科技有限公司. SolidWorks2013宝典[M]. 北京:中国水利水电出版社,2013.
[5] 赵天学,刘庆. SolidWorks项目化教程[M]. 北京:北京理工大学出版社,2021.
[6] CAD/CAM/CAE/技术联盟. AutoCAD 2020中文版机械设计从入门到精通[M]. 北京:清华大学出版社,2020.